重庆市社会科学规划项目"社交聊天机器人媒体应用伦理研究"成果

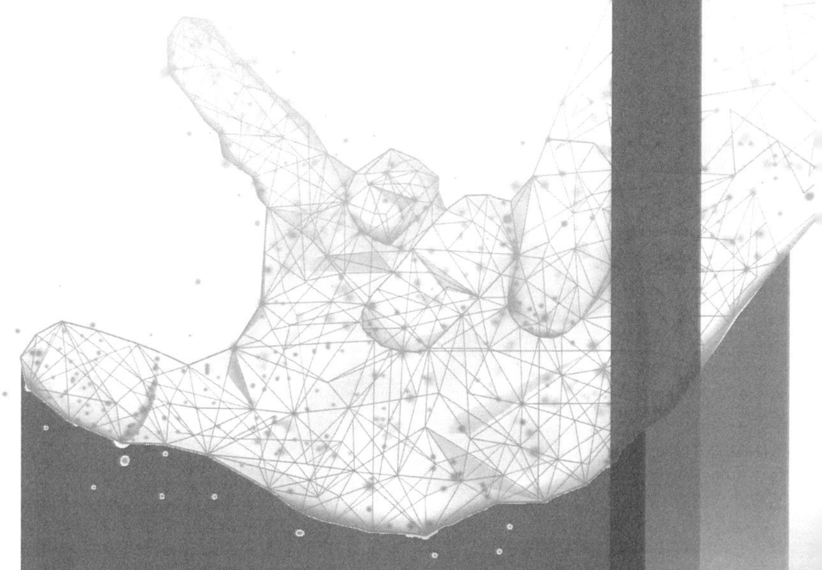

机器同伴

智能"涌现"下人与社交机器人的关系演进

何双百 ◎ 著

Robot Companions

The Evolution of the Relationship
between Human Beings and Social Robots
in the Emergence of Intelligence

中国社会科学出版社

图书在版编目（CIP）数据

机器同伴：智能"涌现"下人与社交机器人的关系演进／何双百著. -- 北京：中国社会科学出版社，2025.4（2025.7重印）. -- ISBN 978-7-5227-4508-4

Ⅰ. TP242.6

中国国家版本馆 CIP 数据核字第 2024EU5800 号

出 版 人	季为民	
责任编辑	周　佳	
责任校对	胡新芳	
责任印制	李寡寡	

出　　版	中国社会科学出版社	
社　　址	北京鼓楼西大街甲 158 号	
邮　　编	100720	
网　　址	http://www.csspw.cn	
发 行 部	010-84083685	
门 市 部	010-84029450	
经　　销	新华书店及其他书店	
印　　刷	北京明恒达印务有限公司	
装　　订	廊坊市广阳区广增装订厂	
版　　次	2025 年 4 月第 1 版	
印　　次	2025 年 7 月第 2 次印刷	
开　　本	710×1000　1/16	
印　　张	12	
字　　数	170 千字	
定　　价	56.00 元	

凡购买中国社会科学出版社图书，如有质量问题请与本社营销中心联系调换
电话：010-84083683
版权所有　侵权必究

前　言

　　2023年，我们见证了文生文、文生图的进展速度，视频可以说是人类被AI攻占最慢的一块"处女地"。而在2024年开年，OpenAI就发布了王炸文生视频大模型Sora，它能够仅仅根据提示词，生成60秒的连贯视频，"碾压"了行业目前大概只有平均4秒的视频生成长度。"人工智能热"何时会过去还没有明确的答案。人工智能是一个动态和发展的领域，在人类生活的各个方面都有许多应用和影响。一些人认为人工智能已经存在于我们的日常生活中，另一些人则认为我们才刚刚开始发现它的潜力。笔者认为，"人工智能热"是一种永久而持续的现象，它将随着技术和社会的进步而变化与演变。

　　本书着眼于人工智能与人类之间的复杂关系，但更为具体地指向人工智能中比较有代表意义的社交机器人，旨在深入探讨在智能媒体时代，人与社交机器人之间的相互影响、依存与共生关系。我们所面临的关系思考的两个主要面向，一方面是控制与对抗的关系，另一方面是共生与融合的关系，使我们陷入了一场深刻而富有争议的讨论。究竟我们该如何看待这种关系？如何在人机间的本体论界限日渐模糊的情境下，从后人类主义视角出发，追问人与社交机器人的关系？这一系列问题将为人机传播研究带来更为广阔的可能性与活力。

　　首先，本书关注人机关系的本质。通过借鉴赛博格隐喻理论，深入探讨人机主体的边界问题。随着机器逐渐具备感知、认知、规划、决策、行动等能力，机器不仅在外形上向人逼近，更在心智上向人逼近。这种发展引发了一个重要而又复杂的问题：人与机器的边界是否还能够清晰划分？这不仅是一场科技与哲学的碰撞，更是一场关于人性本质的深刻思考。本书探讨了社交机器人应该有不同身份的想法，并建议人类应该考虑与它们建立有意义的联系。这些机器人不同于普通机器，因为它们拥有超越机械的品质，并努力达到与人类相当的复杂程度，尽管还没有完全达到。用当前的定义来说，目前的社交机器人属于"人工代理"，具有一定的感知和在现实世界中行动的能力，但人类开始将自己的情感能量投入创造人工智能机器人中，所以它们又不仅仅是一个工具。在我们眼前，人工智能正在逐渐实现类似人类的品质，它可以模仿人类的情感，能够像人类一样感知、理解和互动，它们甚至具有移动和与环境自主互动的能力。尽管有怀疑论者质疑机器自己实现感知的可能性，但很明显，由于技术的进步，有感知力的社交聊天机器人正逐渐变成现实。

其次，我们将从行动者网络理论的角度出发，深入研究人机关系的本体论转向问题。在高度智能化的社会环境中，人与社交机器人的融合不断加深，人工智能当前在知识、智力和创造力的测试中已经能够超越人类。我们开始依赖这些机器人进行日常生活中的各种活动。斯蒂芬·威廉·霍金（Stephen William Hawking）和尤瓦尔·诺亚·赫拉利（Yuval Noah Harari）等众多学者对人工智能的发展表示担忧，根据赫拉利的说法，人工智能有可能创造出一个"无用"的个人阶层。尤其在当前，大型语言模型的发展使得像ChatGPT这样的程序能够产生非常类人的反应。考虑到人工智能机器人不像典型的人造机器，我们可以假设，它们比一般机器的身份更加特殊一点，完全可以充当"同伴"的角色，

不过，尽管人类愿意适应人工智能同伴，但他们仍然认为肉身（人类同伴）比人工智能机器人更有价值。比如布莱森（Joanna Bryson）认为机器人不应被视为"人"，也不应被追究其行为的法律或道德责任，人类对机器人拥有完全所有权，人类应将机器人视为奴隶。拉图尔（Bruno Latour）的观点为人工智能的身份问题提供了令

人信服的佐证，即非人类的"行动者"也有助于社会物质和社会现实的产生。因此，人类并不是塑造物质世界和社会世界的唯一"行动者"，社会包括人类和非人类的"行动者"。这种观点在培养这些智能实体在我们的社会结构中的包容性方面发挥着至关重要的作用。根据这一标准，人形机器人、机器宠物和数字宠物可以被视为社会与生态系统中同等重要的成员。

再次，我们将聚焦于社交机器人如何成为人类的"同伴"，并深入探讨人机关系场域是如何建构的。这一层面将涉及社交机器人在人类社会中所起到的作用与所处的地位，以及未来人机关系可能的演变和我们应对这一变化的策略。社交机器人不再仅仅是一种工具，而是逐渐成为我们生活中的伙伴。这不仅带来了便利，也催生了新的社会动态和文化变革。尤瓦尔·诺亚·赫拉利认为，智人已经进化到以"我们与他们"的心态来思考人，人类可以选择将人工智能划分到某个类别，比如根据新成员的社会属性来划分角色，只要人工智能能够在人类之间激发归属感，它就能赢得人类的信任和尊重。其中，感受被爱和被接受是一种强大的情感，一旦被识别出来，人们就会感觉到自己与人工智能有着情感上难以割舍的联系。根据这种联系，人工智能可以被划分为各种身份，不管是男性、女性，还是好朋友、恋人等，这些身份的划分是没有上限的。

最后，本书关注当这些社交机器人的行为开始像人类一样时，会引发的新型挑战以及伦理问题。正确认识智能时代的人机关系是防范人工智能伦理风险的重要前提，很明显，人工智能机器人与真实的生物有着根本的不同，将它们的行为与真实人类的行为等同起来是过于简单的。然而，拥有"自我"意识并不是成为社会存在的先决条件。通过代理和用户之间的互动，可以出现不同复杂程度的新形式的有趣行为。从这个角度来看，人形机器人、机器宠物和数字宠物都可以被视为我们社会和生态系统中同等重要的成员。未来社交机器人将继续发展并广受欢迎，因为它们在教育、娱乐、医学、商业、旅游等各个领域提供了许多机会。但是，深入的人机交互带来的伦理问题也不可小觑，比如谁将对人工智能技术可能带来的任何坏结果负责，如果我们失去了对我们创造的人工智能的控制怎么办，等等。因此，赋予人与机器各自属性的伦理规则是通往人机和谐的必经之路。

从当前人工智能发展现状来看，机器人"参与"到社会伦理生活中并不新鲜，但这种"参与"更多源于机器人内部被预先设定的程序，机器人无法成为真正意义上的伦理主体。从责任的基本规定来看，机器人也承担不了伦理责任，因为它天然不具有行动的自知性和可解释性，人类对人工智能负有完全责任，而不仅仅是责任的分担者之一。不过当我们说要强化机器人伦理的时候，绝非意指关于机器的伦理，而是人类对智能机器人进行设计、开发、应用与运营的伦理。坚持人本主义的伦理观念，是讨论人工智能伦理的前提，可以避免思想认识上的模糊与混乱。

通过对这四个关键层面的深入研究，本书旨在为读者提供对于人工智能与人类关系更为深刻的理解，并引导我们思考在智能媒体时代，人与社交机器人之间的关系将如何发展，以及我们应该如何适应这一新兴且动态的关系格局。希望通过对人机关系的深入剖析，能够让我们窥见"非人"的主体经验，同时也开启对于"他者"主体性的无限想象。在本书中，关键词如"人机关系""行动者""社交机器人""后人类主义""场域"等贯穿始终，构建起一个思想的网络，以引导读者深入思考和探索人工智能时代人与机器之间纷繁复杂的关系。

目 录

第一章 绪论 …………………………………………………… (1)

　　第一节　研究动机与目的 …………………………………… (1)
　　　　一　研究动机 …………………………………………… (1)
　　　　二　研究目的 …………………………………………… (4)
　　第二节　研究背景与范畴 …………………………………… (4)
　　　　一　研究背景：智能爆炸与机器恐惧 ………………… (5)
　　　　二　研究范畴 …………………………………………… (17)
　　第三节　研究问题与架构 …………………………………… (18)
　　　　一　研究问题 …………………………………………… (18)
　　　　二　研究架构 …………………………………………… (19)

第二章　概念解释与文献探讨 ……………………………… (20)

　　第一节　社交机器人的概念、类型及研究现状 …………… (20)
　　　　一　社交机器人的概念 ………………………………… (20)
　　　　二　社交机器人的类型 ………………………………… (23)
　　　　三　社交机器人的研究现状 …………………………… (28)
　　第二节　后人类主义的发展谱系与议题聚焦 ……………… (31)
　　　　一　后人类主义的发展谱系 …………………………… (31)
　　　　二　后人类主义的议题聚焦 …………………………… (34)
　　第三节　关于人机关系的研究综述 ………………………… (37)
　　　　一　关系的内涵与特征 ………………………………… (37)
　　　　二　人机关系的不同研究取向 ………………………… (40)

第三章 研究方法及内容安排……(53)

第一节 研究方法……(53)
第二节 内容安排……(55)

第四章 关系流动：人与社交机器人的主体边界之争……(57)

第一节 工具？"同伴"？社交机器人的主体地位问题……(58)
一 工具论：人机边界鸿沟……(58)
二 "同伴"论：异质主体边界之争……(61)

第二节 模拟与移情：人机主体边界的交融……(65)
一 "人工移情"概念的提出……(66)
二 情感动态协调中的模仿与拟人……(68)

第三节 赛博格隐喻：人机主体边界的坍塌……(72)

第五章 人与社交机器人建立"亲密"关系的现实与想象……(80)

第一节 亲密关系的内涵概述及发展演变……(81)
一 亲密关系的内涵……(81)
二 技术介导下的"非人格化"亲密关系……(83)

第二节 人与社交机器人建立非人格化亲密关系的现实……(85)
一 社交机器人成为助手……(86)
二 社交机器人成为朋友……(88)

第三节 元宇宙概念下人与社交机器人的关系畅想……(90)
一 人机恋爱的潜在可能……(91)
二 人机恋爱想象——以科幻电影《她》为例……(93)
三 社交机器人成为CEO的设想……(98)

第六章 人机"互构"：人与社交机器人的关系"场域"……(103)

第一节 行动者"透视"：人机关系的本体论转向……(103)

一　行动者网络概念分析 …………………………… (104)
　　二　行动者网络理论的建构意义 …………………… (107)
　第二节　技术中介：基于人与社交机器人关系的"场域"
　　　　　构型 ……………………………………………… (113)
　　一　"场域"理论：芬伯格的传播技术观 …………… (113)
　　二　技术中介：人与社交机器人场域逻辑 ………… (119)
　第三节　从"中介"到"互构"：人与社交机器人关系
　　　　　场域新范式 ……………………………………… (122)

第七章　ChatGPT等智能"涌现"下人与社交机器人的关系
　　　　进化 …………………………………………………… (129)
　第一节　ChatGPT智能"涌现"下再掀技术奇点的
　　　　　讨论 ……………………………………………… (130)
　第二节　想象的激发：ChatGPT生成艺术的美学意义 … (133)
　　一　空与灵的内在交织：ChatGPT的艺术生成
　　　　价值 ……………………………………………… (134)
　　二　"人工人格"的想象与质疑 …………………… (137)
　第三节　形态共振：人机意识共同进化模式 ………… (139)
　　一　机器"意识"的恐惧与渴望 …………………… (139)
　　二　"形态共振"：人机空间意识的共同进化 …… (142)

第八章　人机亲密关系的伦理问题及组织应对 …………… (146)
　第一节　社交机器人能否成为道德能动者？ ………… (147)
　第二节　机器控制向自我控制延伸 …………………… (152)
　第三节　人机伦理问题的组织应对 …………………… (156)

第九章　结论与讨论 …………………………………………… (160)
　第一节　研究结论 ……………………………………… (160)
　　一　借用赛博格隐喻，人机主体边界可被打破 …… (161)

二　社交机器人与人有建立非人格化亲密关系的
　　　　潜力 ………………………………………………（162）
　　三　从行动者网络理论出发，人与社交机器人关系
　　　　从"中介"走向"互构" ……………………………（162）
　　四　ChatGPT智能"涌现"下，人机走向共同
　　　　进化 ………………………………………………（164）
　　五　未来机器控制将成为自我控制的延伸 …………（165）
第二节　研究发现 …………………………………………（165）
第三节　研究限制 …………………………………………（167）
第四节　研究建议 …………………………………………（168）

参考文献 …………………………………………………………（170）

后　记 ……………………………………………………………（179）

第一章 绪论

20世纪末的科学技术创造了一个充满怪物、吸血鬼、人工智能、生活工具和外星人的奇怪世界,这样的世界里自然物种该如何被界定?各种杂交后代谁是合法的谁是非法的?对于谁来说?代价是什么?谁又是我们的家人亲属?我们想要建造的又是一个怎样的宜居世界?

——唐娜·哈拉维(Donna Haraway)[1]

第一节 研究动机与目的

一 研究动机

20世纪末美国大量学者在探讨物种跨越、混合和越界的主题,试图重新描绘特定人类、其他有机体和机器之间的边界关系。唐娜·哈拉维也不例外,她在名字古怪的 *Modest_Witness@ Second_Millennium. FemaleMan©_Meets_OncoMouse™: Feminism and Technoscience* 一书中探讨了人类与转基因生物之间的亲缘关系,一方面她同情转基因生物的"杂种"和"异形"身份;另一方面她反对转基因背后的超级资本主义权力,呼吁打破种族的封闭性、社区的边

---

[1] D. Haraway, "A Manifesto for Cyborgs: Science, Technology and Socialist Feminism in the 1980s", *Socialist Review*, Vol. 80, 1985, pp. 65–108.

界性以及性别的秩序性。而在文章"A Cyborg Manifesto: Science, Technology, and Socialist-Feminism in the Late Twentieth Century"中，她指出三个重要边界的崩塌：人与动物之间的边界、人类（有机体）和机械之间的边界以及物质与非物质之间的边界。转基因生物的身份认同问题同样很好地象征了当今赛博格范畴模糊的后现代状况，而赛博格概念也为人们认识后现代语境中人与机器、自然的"混血"关系提供了重要的理论视角。"赛博格是一种控制生物体，一种机器与生物体的混合，一种社会现实的生物，也是一种科幻小说的人物。"[1] 赛博格的概念在哈拉维这里更多的是一种逾越了人、机边界的本体论陈述，是一种主体性的全新形式，而非身体中必须有机械或技术植入体。此概念暗含着对一系列人类观念中根深蒂固的二元论——自我/他者、心智/身体、文化/自然、男性/女性等的挑战。哈拉维认为，有机体和机器之间的关系已经成为一场边界战争，这场边界战争中争夺的筹码就是生产、繁殖和想象的领地。赛博格的概念由此从一个纯粹的技术概念，转变成一个有关二元论模糊与边界融合的、富有哲学意蕴的主体性隐喻，该隐喻能够站在后人类视角，重新审视我们对于人所参与的一切社会以及更广阔的物理世界过程的理解。但遗憾的是，自1985年哈拉维引入赛博格概念至今，虽然其直观意义深入人心，但其隐喻式提法本身并未引起学界的足够关注、反思与回应。

当前我们生活在一个技术加速后人类化的时代，在这个时代，人类和人工智能的形式及能力正在以一种可以理解为令人兴奋或不安的方式融合。生物杂交、神经假肢、可穿戴计算、虚拟现实和基因工程等领域的持续发展正在产生技术增强的人类，他们拥有与传统电子计算机中相似的物理组件和行为。与此同时，多模态融合感知技术、非结构化场景AI分析、柔性本体技术、纳米技术和高性能

---

[1] D. Haraway, *Modest_Witness@Second_Millennium.FemaleMan©_Meets_OncoMouse*™: *Feminism and Technoscience*, NewYork: Routledge, 1997, p.314.

计算的发展等正在创造合成实体，其结构和过程与生物体的结构和过程越来越相似，这样的人类和非人类代理在日益复杂的数字物理生态系统中存在并相互作用。"赛博格"已不再是虚构的科幻形象，而是以或虚拟或实体的形式出现在我们生活世界里的真实形象。

互联网预言家凯文·凯利提出，人工智能将是未来 20 年最重要的技术；著名未来学家雷·库兹韦尔更预言，2030 年，人类将成为混合式机器人，进入进化的新阶段。在新的传播技术的加持下，人类的行为可以跨越实体世界的约束，在虚拟世界建构新的交往场域，催生新的交往行为，缔结新的社会关系，形成新的社会形态和社会结构，从而衍生出超越人类能力可及之极限的复杂网络系统，而这些新生的复杂网络建构了人类新的在世之在，进而反作用于深陷其中的个体和群体，"加速"或"加厚"了人的生活。面对机器人从最初的客体逐渐走进人们的生活中变成社会中的常驻角色，雪莉·特克尔认为我们已经进入了"机器人时代"，她在《群体性孤独》一书中写道，"我发现人们不仅十分认真地把机器人视为宠物，还视为潜在的朋友、知己，甚至虚拟的情人，我们似乎并不关心机器人对人类与他们分享的情感能知道或理解多少，在机器人时代，只要人与机器连接的表演看起来足够多就行了"[①]，特克尔还批判地称其为"技术滥交"。

社交机器人以新型互动"伙伴"的形式出现，无论是作为人类补充还是替代，都在不同层面上挑战着我们作为个人或集体的自我理解。究竟人与社交机器人建立怎样的关系是可能的、有必要的、合乎道德的？机器人对于人类而言的存在意义是什么？又是否会构成威胁？通常而言，人们关心的是人自身如何在这个社会中生存以及人际关系如何，科技终究只是工具，是使人类生活更加便利的手段，然而信息与通信技术正普遍而又深刻地创造和重塑着人类的认

---

① ［美］雪莉·特克尔：《群体性孤独：为什么我们对科技期待更多，对彼此却不能更亲密？》，周逵、刘菁荆译，浙江人民出版社 2014 年版，第 10 页。

知理解与现实基础，重组着人类与自身及他者之间的关系。当社交机器人无孔不入渗透进我们的日常生活，与我们建立起亲密的关系，依然仅将社交机器人与人类的关系看作"工具及其使用者"的关系就稍显不足。

二　研究目的

本书拟从后人类主义视角探讨人与社交机器人的关系走向，以及技术是如何在科学与文化之间缔结出各种关系的。故将借助于赛博格隐喻理论及行动者网络理论对人机关系的本质进行思考，虽然这两个理论不是最能说明和反思人机关系的理论，却是一把能够打开理解智能时代人与机器人关系重构及社会文化变迁迷局的钥匙。一方面，它们可以聚焦"关系"维度，用以形容人—物之间具有对称性而并不具有不言自明之优势地位的新型互动关系；另一方面，也可以聚焦于"网络"维度，以便更清晰地把握人与非人所纠葛的网络中，具有自主性的"行动者"（agent）是如何出现以及如何勾连技术与文化的。本书希望通过探讨这种关系本质，不仅能够让人得以窥见非人的主体经验，还能让人开启想象"他者"主体性的可能性，为人与社交机器人的关系找到一种新的认知视角，让社交机器人的存在意义有更多元的解释。故全书的思考重点不在于"是否应该发展这样的人机关系"，或"面对人工智能的裂变发展人类应该采取什么样的对策"，而在于如何看待机器成为人的"同伴"以及如何在人和社交机器人关系的探讨中找到与传统的人机关系所不同的认识视角。

第二节　研究背景与范畴

在今天，智能技术如毛细血管般广布、渗透进人们的日常工作与生活，而与智能技术紧密联结的智能化人类、智能技术和智能环境等亦成为当今社会系统的基础坐标。元宇宙概念大火之后，让人类自己定义"虚拟情境"或"实体结合虚拟"有了更大的想象空间，其中包括人类与类人（虚拟人物以及想象中的动画游戏主体、航天员或浪漫的爱人）的对话模式、实体与虚拟场景交错的情境。人类身处几乎全新的物质环境与文化环境，可以说，人、技术与环境三股力量在互动中推动人类迈入智能化生存的新阶段。然而，在这样的社会背景下，当前的传播学研究在对智能化的生活世界和时代精神的诠释、反思、批判等层面上，并未取得令人满意的成果。要真正思考与辨析这一问题，一个基本的出发点便是隐含于智能化日常传播实践中的人机关系转型，这一日益显著的趋势昭示了人与技术正逐步进入人机融合共生之境，机器参与社交正逐渐成为新阶段人机关系的重要命题。

一 研究背景：智能爆炸与机器恐惧

（一）智能爆炸：智能机器人不断兴起

1. 人与机器走向"融合"

科技预言大师雷·库兹韦尔在《奇点临近》中宣称，人类文明最终将走向终结，人类与机器融合的新物种将会取代现在的生物人。近年来，随着深度学习、图像处理、语音识别等理论及技术的重要突破，人们对人机交互的热情持续高涨，也极大激发了对于人工智能的乐观情绪：机器智能全面超越人类智能的"奇点"似乎触手可及，通过意识的上传和下载，人类甚至能够实现永生。人工智能可以通过深度神经网络、全脑模拟和智能动力学等方式，获得类似人的感知智能（能听会说、能看会认）、认知智能（能理解、会思考）、运算智能（能存储、会运算）、运动智能（能抓会握、能走会跑）以及情感智能（能理解情绪、会作出反馈），从而延伸人类的相应智能，因此，人工智能已成为当前传播环境下最具代表性的"智能媒介"。

在智能传播语境下，人机交互和人机对话的方式越来越"自然"和"融合"，人脸识别、手势识别、语音识别、语音合成等技术既丰富了信息的输入输出方式，也模糊了人与媒介原本过于清晰的二元对立界限。我们与技术之间的关系正超越传统的技术使用范畴。一方面，技术不再单纯地执行人的指令，它可以给出更多的智能反馈或建议。比如手机等移动便携智能设备，可根据用户个体所在的独特时空情境，为用户提供个性化、社交化、多模态化的高维信息服务，因此人们自然地视手机为人体的外接"大脑"，听从其指挥。另一方面，技术的操作对象已经超越了外在环境，开始对人体进行改造，技术与身体结合为跨界装置。换言之，人开始"吸收"技术，并成为媒介的延伸。人类在一定程度上成了媒介的伺服系统，通过人机融合的智能技术与人类自身智能的相互补充，实现人机共同进化。

智能技术的崛起对现阶段的人机亲密融合起到了至关重要的作用，机器人不仅更加智能和自主，它们也更能与人类互动，有人用"聊天机器人"或"人工伴侣"等术语来描述参与到社会领域并提供陪伴、娱乐、性或医疗保健的机器人。人—机器人关系领域是一个不断发展和具有吸引力的跨学科研究领域，在《新浪漫主义赛博格：浪漫主义、信息技术和机器的终结》（*New Romantic Cyborgs: Romanticism, Information Technology, and the End of the Machine*）一书中，马克·科凯尔伯格深入研究了技术的历史后，提出了一个新问题：似乎随着机器变得越来越像人类、越来越信息化，机器与人类的融合成为人机关系的一个显在趋势。要发掘技术中的人之天性，从而达到得以追求更好生活的"浪漫化"的赛博格形态。人机关系正在成为人类社会中更为基础、更为重要的本质关系。新技术引发的媒介融合，不但呈现为媒介形态与社会形态的融合，而且其根本之处在于技术与人的融合。换言之，随着智能技术的出现与普及，有效的人机融合才从"科幻"或"医患"领域转移到日常传播实践中，形成人与智能媒介技术融合的复合装置。

人工智能正快速地拓展自己在人类社会的影响力边界，从"深蓝"的崭露头角到阿尔法围棋（AlphaGo）的惊艳四座，从模式识别的初来乍到深度学习的近乎大包大揽，从只在计算速度和存储量方面占优势的"被动"机器,到可颠覆传统行业领域的智能机器,人工智能都在促逼着社会发生巨大的改变。在一些国家,机器还成了人类的替代品,比如日本老年人口增多和出生率下降意味着劳动力的萎缩,机器人则会用来填补这个劳动力缺口,大约每25名工人中就有一名是机器人。此外,机器人在日本还被视为朋友和帮手,是家庭成员乃至社会的一部分,人们像喜欢宠物一样喜欢机器人。凭借制造"双生子机器人"引起世界轰动的日本研究人员石黑浩(Hiroshi Ishiguro)满怀信心地说:"未来我们将生活在与机器人、机器人社会共处的共同体中。"2015年夏天,在美国西雅图举行的"国际机器人技术与自动化大会"(ICRA)上,麻省理工学院教授达妮拉·鲁斯(Daniela Rus)也坚定地宣告,机器人无处不在的时代已到来。2017年7月出版的《科学》杂志刊登的一组文章表明,机器人或自动程序已经能够直接参与人类的认知过程,比如,宾夕法尼亚大学积极心理学中心的心理学家可以运用算法,根据Twitter、Facebook等社交媒体上的话语,来分析大众的情绪,预测人性、收入和意识形态,从而有可能在语言分析及其心理学联系方面带来一场革命。智能系统,可视的、不可视的机器人越来越给我们的日常生活打下烙印,可以预见,将来的机器人将会越来越多地在以下领域出现:

(1)可在工厂、家庭、医院等场域与人类进行交互的机器人;

(2)能够表达和识别情感的机器人;

(3)配备了可控胳膊和腿的人形机器人;

(4)集群机器人系统;

(5)自动化,包括汽车、飞机和水下载具。

2. 人机关系走向暧昧

智能机器人的高级性能及其迅速发展的势头让人不得不重视它的存在,它作为一个"空降"在人类文化社会的存在,轻易地跨越了文化个体间存在的时空障碍,让本来稳定的文化个体间的关系流动了起来,为不同的学科提供了多样的解读视角。对于人与机器的思考主导了中西方哲学、文学和电影的想象，从海德格尔（Martin Heidegger）的《存在与时间》（Being and Time）到阿多诺（Theodor Wiesengrund Adorno）与霍克海默（Max Horkheimer）的《启蒙辩证法》（Dialectics of Enlightenment），再到唐娜·哈拉维的《赛博格宣言》（A Cyborg Manifesto）；从儒勒·凡尔纳（Jules G. Verne）的小说《环绕月球》（Autour de la Lune）到爱德华·贝拉米（Edward Bellamy）的《向后看》（Looking Backward），再到菲利普·迪克（Philip K. Dick）的《机器人会梦见电子羊吗？》（Do Androids Dream of Electric Sheep）；从电影《机械公敌》（I Robot）到《机械姬》（Ex Machina），再到《我的女友是机器人》；等等。已有的人工智能"装置"（无论是虚拟的人工智能程序还是实体的智能机器人），或合理想象的未来人工智能"黑科技"，正在挑战人类对自身的生命本性以及人类与人工智能体之间关系的认识，但机器人强大的优越性也激发了大量公众（包括学者）对人工智能也许会"失控"产生的忧虑。早在人工智能发展的第一个黄金时期，就有研究者表达了人工智能可能超越人类的担心。1965 年，古德（I. J. Good）就提出了"智能爆炸"（inteligence explosion）的假设："假定一台超智能机器能够超越任何人类智力活动，由于设计机器本身就是智力活动之一，那么这台智能机器可以制造更好的机器，毫无疑问，这将会是一次'智能爆炸'，人类的智能将远远落后于机器。"[①]

机器人革命带来了很多引人瞩目的好处，然而跟其他新兴技术刚涌现出来一样，机器人技术也带来了人类社会必须面对的新问题和新风险。一些专家担心，人类社会在劳动力方面会对技术产生过度依赖，或机器人技术会对人际关系产生尤为深远的影响。暂且不论智能机器人能否成为人类潜在的威胁，科幻电影中的场景又是否真的会来临，拥有"灵性"的智能机器人都已经不再是一个单纯的

[①] I. J. Good, "Speculations Concerning the First Ultra-intelligent Machine", *Advances in Computers*, Vol. 6, 1965.

"他者",而是更加模糊又暧昧的存在。唐娜·哈拉维在人机关系中主张二者及其所衍生出的一切相关个体间的关系是流动的且没有边界的,这种流动性构成了人际关系的模糊性,其实也是一种"暧昧性",流动的暧昧让人机关系变得不稳定。与此同时,也允许超越了时空禁锢的互构与演进,在持续运动的过程中出现了更多的"杂合体",而新杂合体之间又会持续运动,使一个概念得以以多种形式进行传播与相互影响。其中,造成人机关系"暧昧"的一个重要原因是对于机器人的身份思考挑战了传统的本体论,这在哈拉维将赛博格界定为"机器与有机体的混合体"时就埋下了伏笔——它既不是有机的,也不是机械的,是一种挑战"本体论"分类的混杂形象。

造成人机关系"暧昧"的另一个重要原因是,人机关系的看法受人与技术关系的看法影响,而不同学者对人与技术关系的看法又截然不同。20世纪围绕科学技术的思想最为重要的两种论调是"技术决定论"和"技术的社会建构论"。技术决定论的哲学基础是技术本质主义,认为技术具有内在逻辑、价值和规律,并且能够通过现实使用冲击社会。它建立在两个重要原则基础之上:一是技术是自主的;二是技术变迁导致社会变迁。其理论又分为两大类:强技术决定论和弱技术决定论。技术构成了一种新的文化体系,这种文化体系又构建了整个社会。所以,技术规则渗透到社会生活的各个方面,技术成为一种自律的力量,按照自己的逻辑前进,支配、决定社会和文化的发展。技术乐观主义和技术悲观主义是技术决定论的两种思想表现,前者相信技术是解决一切人类问题并给人类带来更大幸福的可靠保障,而后者则认为技术在本质上具有非人道的价值取向,现代技术给人类社会及其文化带来灭顶之灾。在技术决定论的构想中,智能机器人与人的关系更多的是一种支配或奴役关系。

后现代主义勃兴逐渐取消了技术决定论的绝对本质主义,为转向社会建构论提供了哲学基础,社会建构论也被称为技术非自主说或工具说,"它将技术作为一种社会现象进行研究,认为技术负载着人类的价值判断,社会性贯穿于技术形成与发展"①。在社会建构论的构想中,技术成为人类实现自身目标的单纯中介项(Intermediary),成为相对于社会关系的次要/从属的东西。按照这种观点,智能机器人更多被看作一种工具。然而不论是技术决定论还是社会建构论,都在单向度地刻画技术与社会的关系,不少技术社会学家也已经意识到了这一点,所以也有学者想要突破极端的技术决定论和社会建构论,并在"行动者"和"技术"之间寻找一个平衡,"可供性"(affordance)一词被诸多传播学者从生态心理学领域借用过来作为理解人与技术的关键钥匙。

最早系统地关注到"可供性"在"存在论"层面意义的学者是布鲁诺·拉图尔,他将其解释为:"一种装置(device)允许或禁止它预期的行动者(人类或非人)所做的事情;它是一个集合(setting)的道德,既包括消极的(它所规定的),也包括积极的(它所允许的)。"②伊安·赫胥比精辟地总结了"可供性"的这种折中主义视角:行动的可能性是从技术中逐渐浮现出来的。一方面,技术是功能性的(functional),它赋予我们的行动以潜力;另一方面,技术又是关系性的(relational),潜力的实现需要人与技术之间产生真正的关系。③当然,仍有很多批评家认为,可供性一词被引入传播学领域,不过只是一个"看上去很美"的辞藻。它标榜着对技术决定论和社会建构论的调节,并试图在两者间寻找到妥帖的中间地带,然而在实际研究的操作上,往往不得不最终偏向其中一方,尤其是偏向社会因素。所以综合以上观点可以看出,人与技术关系的看法不一很大程度上导致了人机关系看法的"暧昧性"。

---

① 冉奥博、王蒲生:《技术与社会的相互建构——来自古希腊陶器的例证》,《北京大学学报》(哲学社会科学版)2016 年第 5 期。
② M. Akrich, B. Latour, *A Summary of a Convenient Vocabulary for the Semiotics of Human and Nonhuman Assemblies*, Cambridge: The MIT Press, 1992, p. 261.
③ I. Hutchby, *Conversation and Technology: From the Telephone to the Internet*, Cambridge: Polity Press.

（二）机器恐惧：人机交互备受争议

智媒时代，群体性孤独现象突出，机器人技术给乌托邦人的梦想注入了新的希望，给反乌托邦思想家带来了噩梦。相比任务导向型聊天机器人而言，情感型、闲聊型机器人所产生的人机伦理问题更加直接和明显，因为它们被设计出来的目的就是用于情感陪护、亲密关系或社会交际等私人情感领域。

1. 人机关系中的异化：依赖与操纵

如果智能机器人具有类似人类的智能，在一定意义上是"人"，或者在一定程度上具有"人的本质"，那么这将是人类自诞生以来所遭遇的最新颖、最诡异的异化。在孙伟平看来，人工智能在变革社会、为人类造福的同时，也在实质性地加剧人的物化和异化，并赋予异化以新的内涵和形式。人类兴致勃勃地创造了人工智能，希望它成为类似机械一样"驯服的工具"，帮助人类实现各种目标、创造美好生活，却发现打开的是一个神秘的"潘多拉魔盒"，释放出前景莫测、难以驾驭的异己力量。[①] 人工智能本身及其应用所导致的新异化现象既包括对人的思维、人的本质以及人的主体地位的新挑战，也包括它带来的产业结构、就业结构调整所导致的异化，比如由于社会交往加速，"虚拟交往"成为普遍的交往模式，人们甚至更愿意与方便快捷、"贴心"服务的各种智能系统打交道，冷漠的人际关系与紧密的人机互动形成了鲜明的对照。

在《对技术的追问》一书中，海德格尔就技术对现代文明施加的深刻影响作了著名的论述。他认为这不是微小的、肤浅的、文化上的改变，而是影响了人之为人的本质，随后他用交互（interactions）概念来刻画这一本质。我们把这个使人类聚集到一处，并把自我彰显的事物当作储备资源的极具挑战性的要求称为"集置"（Ge-stell，又译作"座架"），人类如此决定性地处于集置正在迫近的挑战中，以至于他没有把集置理解为一种要求，而且完全没有

[①] 孙伟平：《人工智能与人的"新异化"》，《中国社会科学》2020 年第 12 期。

意识到自己是一个被要求者。① 在海德格尔看来，现代科技伴随的风险就是我们甚至都没有意识到它正在发生。他警告我们的，正是交互中的这种异化，当我们与社交机器人互动时，我们意识不到自己被集置的过程影响，这个过程会完全把我们吸引到人机交互之中，人被动地被摆置在被系统化摆置的技术结构里而被促逼着不得不符合这种摆置，"集置"是能自行解蔽并且对人提要求的。

虽然技术蕴含着风险，但也包藏着潜力，也就是重新发现那种构成了我们的本质、我们的人性的交互关系的潜力，所以人机互动本身并不可怕，令人担忧的是人们沉溺于虚幻的人机交互之中，对机器人产生情感依赖。情感依赖最直接的影响是带来了对现实世界人际交往的侵蚀。当人们在人机互动中能够享受到越多的情感慰藉，就越可能习惯和沉浸在这种"被动"或"依赖"中。人机互动的次数和时间越多，主观能动性就越匮乏，甚至造成主体能力的退化。当人们从人机互动的情境回到现实时，一旦发现被动的自己难以轻易得到现实中的情感，无法满足生理和心理层面的终极情感需求，容易产生极大的落差感，导致焦虑、抑郁等心理疾病的发生。托德·布拉弗等通过认知控制的研究发现，当人们做出决定时，利益比风险更容易激发人类的行为欲望。久而久之，当社交机器人能够充当照看儿童的父母、陪伴老人的子女，甚至取代生活中的每一个角色时，现实中的人际关系也将走向淡化甚至破裂。

在资本的主导下，社交机器人的情感更加具有欺骗性，以利益为导向的算法设计，极有可能让社交机器人成为操纵人的情感的工具，迎合人的情感需求，诱导人们沉浸于人机互动中，进而对机器产生依赖感。随着社交机器人越来越具备人格化特征，与人类互动越深入或亲密，用户就会不自觉地对社交机器人产生同理心。韩秀等认为，社交机器人作为媒介物，类似于利用道具预设形象的演

---

① M. Heidegger, "The Question Concerning Technology", in David M. Kaplan eds., *Readings in the Philosophy of Technology*, Oxford: Rowman & Littlefield Publishers, 2004.

员，仅仅是为了好的演出效果而努力。人类用户也可能会忘记社交机器人只是在规则下表达情感，陷入对社交机器人更深层次的依赖之中。①

安格雷尔（Marie-Luise Angerer）的观察表明，通过情感界面的概念，情感计算和人形机器人之间存在重要的重叠，即推迟对真实和虚构的判断。计算机、智能电子设备、人工代理和机器人的界面是进入假想的情感界面，用户可以在其中体验系统的关系能力，这些边界条件在异构实体之间进行中介，这些异构实体共同形成了动态反馈和信息交换系统。根据安格雷尔的说法，情感计算挖掘了人类的欲望和想象力，但并不是以一种中立的方式，这个技巧的一部分是制造一种用户不想伤害的错觉。对欲望和想象力的满足也是情感计算魔力持续运作的原因：它创造了直观的令人愉快的界面，让用户沉浸在技术可以创造一种亲密感的错觉中不能自拔。机器人身体在这里是至关重要的，因为它作为一种情感界面，允许亲密在人类和机器人之间的人际空间中产生共鸣。詹妮弗·罗伯逊关于日本机器人技术和 Ba/basho（空间）的概念对于我们理解这个空间也特别有用。Ba 是一个"动态紧张"的地方，自我总是处于紧急或不完全的偶然状态。在这种情况下，人类与机器人之间的关系可以发展。Ba 不是一个空白空间，而是一个充满"情感氛围"的情境性互动空间。②

人类与机器人情感亲密互动的潜在危险在于，如果它们被大规模利用，对人类社会来说，这些情感纽带会对人类造成心理依附。例如，一些看起来可爱可亲的机器人可能使人们逐步减少甚至断绝与真正的人类或动物发展社交关系。例如，在未来，机器狗可能会取代真狗。更关键的是，在人们与机器人建立了情感纽带，并对它

---

① 韩秀等：《媒介依赖的遮掩效应：用户与社交机器人的准社会交往程度越高越感到孤独吗?》，《国际新闻界》2021 年第 9 期。

② J. Robertson, "Gendering Humanoid Robots: Robo-sexism in Japan", *Body & Society*, Vol. 16, No. 2, 2010, pp. 1-36.

们深信不疑后，这些特性可能被他人故意用来操控这些人。例如，一个公司可能会利用机器人与其主人的独特关系，使机器人说服主人购买他们希望推广的产品。特克尔认为，人类创造出的社交机器人正在成为与人类自身平等交往的"他者"，社交机器人正在扮演朋友、家人甚至恋人的角色，然而，按照规则表达情感，进行情感劳动的社交机器人并不能带给人类真正意义上的友谊。在社交机器人时代，当人类用户与社交机器人之间形成了一种广泛而深远的依赖关系，用户可能一方面会获得情感满足，与媒介的关系也变得更加亲密；但另一方面也更容易接受某一类社交机器人持有的观点，而忽略了机器和代码背后的政治力量。

2. 人机关系中的恐惧：欺骗与替代

随着人类与机器人之间的关系变得越来越多样和复杂，人们希望机器人能够成为朋友并关心他们，但同时也表达出一些恐惧和不安，这些不安涉及对真实的社会关系破坏的质疑，对亲情、爱情等亲密关系影响的焦虑以及对人类"情感"被替代的恐慌。"欺骗性"对于这种机器恐惧的描述似乎最为贴切，这在老年和儿童人群中更为明显，因为他们更容易受到孤独感和各种认知混乱的影响。波特（Tiffany Potter）等认为，机器人同伴通过伪造人类行为、情感和关系来欺骗易受伤害的人，如智障老人和蹒跚学步的儿童。这些人可能会相信这些设备表达了"真实"的情感，因此依赖它们进行情感接触和支持。英国谢菲尔德大学的阿曼达·夏基（Amanda Sharkey）和诺埃尔·夏基（Noel Sharkey）同样认为，"设计机器人来鼓励拟人化的属性可能被视为一种不道德的欺骗行为"[1]。

需要注意的是，当我们在谈论社交机器人的"欺骗"行为时，并不是说它们在某一个事件中来欺骗我们，而是强调它们的拟人化特征所引起的人类的"自欺欺人"式的行为。人机交互中社交机器

---

[1] A. Sharkey, N. Sharkey, "Children, the Elderly, and Interactive Robots", *IEEE Robotics & Automation Magazine*, Vol. 18, No. 1, 2011, pp. 32-38.

人所引起的人类的"自欺欺人"主要体现为人类对社交机器人的"情感泛滥"和"情感沉溺"。当我们"信以为真"地和机器人进行人机互动、交流情感时，我们会变得机械化、简单化，进而出现某种程度的功能"退化"。阿曼达·夏基在针对教师机器人的欺骗性问题实验中发现，孩子们可能会想象机器人关心他们，当机器人不在时，他们可能会感到焦虑或悲伤，或者他们更愿意选择与机器人待在一起，而不是与人类同伴待在一起。因此，"陪伴"幻象下暗藏着两个方面的风险：第一，看护者会将患者缓解孤独误认为满足了患者仍然缺失的幸福感；第二，使用简单、吸引人但相当"肤浅"的社交机器人会在短期内消除孤独感，但最终会降低一个人在混乱、复杂、苛刻的现实人际关系中进行真正联系的能力，从而增加患者的实际孤独感（与感知的孤独感相反）。

当社交机器人被引入人类环境用于各种目的（如娱乐、陪伴和治疗），甚至友谊与爱情等亲密关系中，就已经被嵌入一个高度复杂的社会结构和机制网络中。大量学者认为，社交机器人虽然通过模仿人类的基本社会规范和行为增强了人机互动，实则是一种欺骗。达纳赫（John Danaher）则进一步将机器人欺骗分为显在欺骗、表面欺骗和隐性欺骗三种形式。[①] 比如撒谎机器人明明知道明天可能天晴却告诉你明天可能下雨，这就是显在欺骗；当一个机器人"假装"用悲伤的口吻来传递一个不好的消息，我们就受到了机器人表面状态的欺骗。因为这种行为是被编程的，机器人表面上拥有"共情"的能力而实际上没有。隐性欺骗则表现为机器人有意隐藏实际拥有的某些功能。比如机器人选择把头从你身上移开，让你觉得它"看不见"你，而它的传感器却可以从任何角度进行记录。达纳赫认为，隐性欺骗是最令人担忧的，并且构成了他所说的背叛。这与特克尔的观点有所差异，特克尔将人类的感情和关系描述为真

---

① J. Danaher, "Robot Betrayal: A Guide to the Ethics of Robotic Deception", *Ethics and Information Technology*, Vol. 22, 2020, pp. 1–12.

实的，而类似机器人的"情绪"或与机器人建立的关系是不真实或虚假的。

生活领域的很多工种被替代也会引发公众恐惧的情绪。目前来看，机器人不仅能够代替人类从事那种机械或重复的工作、肮脏或危险的工作，诸如交警、法官、律师、医生、教师、诗人、艺术家等曾被认为专属于人类的工作岗位都完全有被取而代之的可能。劳动、工作已经不再是人类特有的本质性活动。可以判断的是，随着全方位自动化、智能化，大幅减员增效是大势所趋，"技术性失业"潮将会来临。这种日益严重的"技术性失业"被曼纽尔·卡斯特描述为"信息资本主义的黑洞"。在孙伟平看来：

> 这是一个全新的釜底抽薪式的异化"黑洞"，它比马克思当年揭批的资本主义私有制下的劳动异化更不人道。因为它不仅是加强了"数字穷人"的对立面，令"数字穷人"的劳动成为外在的无法掌控的异己力量，而且正在吞噬人作为"劳动者"的根本，破坏相互依存的人际关系，颠覆传统社会存在和运行的基础。[①]

当然，比起直接被机器替代的恐慌，还有一种恐慌更为隐蔽，那就是一方面抗拒不了机器人的陪伴或服务，另一方面又在心理上对这种陪伴和服务产生怀疑，这在医疗护理行业更加明显。当新型护理类机器人被引入护士与病患的关系中时，人类接触尤其是触摸的重要性被特别强调。一旦护理机器人化将导致人类之间的接触大量减少，然而一直以来，触摸就被认为在早期的亲子关系中起着至关重要的作用，因为触摸是看护者与儿童沟通的重要管道，身体通过关爱的抚摸象征着一种"安全感"，从而增强父母和孩子之间的亲密关系。大量实证研究结果表明，照顾精神疾病患者需要加强在

---

① 孙伟平：《人工智能与人的"新异化"》，《中国社会科学》2020年第12期。

场感，对于抑郁症患者，护士站在床边都是有益的，这有助于缓解患者的恐惧。

梅洛—庞蒂（Maurice Merleau-Ponty）将触摸描述为一种"双重感觉"，因为触摸总是发生在构成触摸可逆性的两个离散实体之间。当我们考虑护患互动时，梅洛—庞蒂的触摸可逆性的概念就变得清晰了。当护士有意触摸患者的手时，患者会感觉到护士的触摸，但护士也会被患者触摸。触摸的可逆性意味着永远不会有单向的触摸，护士与患者可以各自解读这种触摸的意图，或因触摸激发不同的心理活动。每一种触觉感知都植根于一种具体化的想象中，其中包括记忆、理想、文化规范和价值观等。这样，触摸和被触摸之间的可逆性在护患互动中形成了一个高度复杂和动态的结构。人—人交互和人—人工制品交互之间的主要区别在于缺乏可逆性：机器人和其他人工制品不像人和动物那样感受到情感触摸。即使机器人的传感器可以被设计成对触摸行为做出反应，就像它们"感觉"到触摸一样，但事实是，人工制品什么也感觉不到。人类和人工制品之间不存在可逆性，这成为社交机器人替代人类做一些服务工作时被排斥和担忧的重要因素，尤其当患者在脆弱的状态中需要他人陪伴并提供情感上的安慰的时候。所以特克尔强调，人类护理中的具体实践，即使是机器辅助的，也总是需要护理接受者和护理者之间的互动。护理实践中的情感接触传递了关于情感和影响的复杂信息，创造了一个充满价值的环境。

二 研究范畴

综合以上分析可以发现，对于人机交互的研究算得上灿若繁星，但这个交互对象——机器是一个非常宽泛的概念，它包括了手机、计算机等机器设备。即便本书将研究范畴放在机器人领域，也能指称各种各样不同的机器人，比如老龄服务机器人、儿童益智服务机器人、导航服务机器人、医院智能诊疗服务机器人、手术/康复机器人、智能物流托运机器人、智能巡检机器人等，所以本书探讨的机器范畴主要限定在社交机器人这类对象上，尤其是拥有一定交流功能或陪伴作用的社交机器人。因为这类机器人拥有一定的"自主性",更能够给人一种"与他人在一起的感觉"。它们不仅是"工具",还扮演着"社会伙伴"的重要角色,伦理意义最突出且最具争议性。

此外,本书重点是基于后人类主义的视角来探讨这种人机关系,而后人类主义在近十多年里经历了内涵不断充实、外延不断扩展、语义不断丰富、层次日渐繁复的过程。在后人类主义与后现代、大陆哲学、科学技术研究、文化研究、文学理论和批评、后结构主义、女权主义、批判理论和后殖民研究联系在一起的背景下,"后人类主义"成为解释、促进或处理人文主义危机思想的总称,甚至有发展成一个无所不包的、可以用来指称各种不同思想运动或学派概念的趋势。所以本书需要重点抓住后人类主义研究的两个关键:一个是探讨对象涵盖超人类物种的赛博格隐喻,也就是关注主体性问题;另一个是从专门批判人本主义思想的后现代观点(如行动者网络理论)入手,对由本体论引起的二元对立的人机关系进行祛魅,这样就能避免探讨的范围过于宽泛。

第三节　研究问题与架构

一　研究问题

从研究者的角度来看,随着社交机器人在越来越多地参与我们的社会活动,最有趣的问题之一是人们与社交机器人的关系可能发生了从"工具论"到"伙伴论"的重大转变,传统人机关系中的二元对立观念也被转换为多样化的主体间的复杂关系,那么为什么会发生这样的改变?又产生了什么争议?关于人机关系还能否突破传统的本体论探讨?本书旨在从后人类主义的视角对社交机器人进行角色定位并为反思人机关系本质作出贡献,通过考察人与社交机器人之间的相互作用和相互限制,也一定程度上为解释当代社会中人机关系复杂多变提供思路。具体要探讨的问题如下。

第一，人与社交机器人的主体边界能否被打破？换言之，在什么情况下，人类会将其视为有生命的"同伴"而不是工具？

第二，社交机器人具备与人建立友情乃至爱情的潜力吗？

第三，人与社交机器人的关系本质到底是怎样的？

第四，元宇宙及生成式人工智能概念下人机关系走向如何？

二 研究架构

本书的研究架构如图1-1所示。

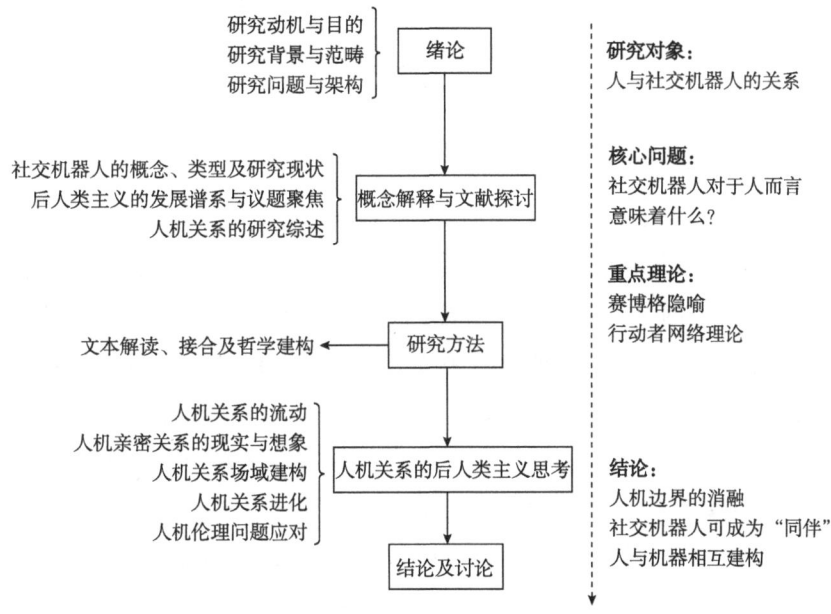

图1-1 研究架构

第二章 概念解释与文献探讨

第一节 社交机器人的概念、类型及研究现状

一 社交机器人的概念

社交机器人是人工智能的一种，而人工智能（Artificial Intelligence）概念的出现，通常会追溯到图灵（Alan Mathison Turing）1950年发表的《计算机器与智能》，以及1956年美国达特茅斯的人工智能夏季研讨会，自那以后关于人工智能的研究和学术讨论经历了数次热潮。他们一般认为，人工智能意指由人类制造出来的机器所呈现出的智能，与自然进化而来的人类智能相对应。目前人工智能研究主要是针对如何设计或制造出能够感知环境并作出最优决策或采取最佳行动的智能体（比如无人驾驶车、阿尔法围棋等），甚至让机器能够像人类一样，具有说话、感知、推理、行动及认知能力。从人工智能的发展史来看，其发展范式是在边探索边论证的过程中逐步形成的，其中，每一种范式的形成都依赖于如何理解和判定"智能"。与20世纪相比，当前的人工智能已经成为一般的技术母体，不仅研究范围越来越广泛，主要包括自动程序设计（机器人）、逻辑推理、语言识别、图像识别、自动驾驶、人脸辨识、在线助手、医学诊断、万物联网、街景分析、行为预测等，而且渗透到其他技术领域，对传统的各行各业进行着大规模的智能化改造。

有朝一日人类若扮演造物主角色能创造出"类人"时，人工智能需要顾及的，不仅要能辨识语音的表情、声音、语言、动作，还需考量内外在环境之情绪与心理脉络的干扰因素。例如，普林斯顿大学的计算生物学家可以运用人工智能来梳理孤独症根源的基因组。

发展人工智能的目的就在于取代以往需要人类智能才能完成的复杂工作，帮助人类从繁忙的事务中解脱出来。林德宏认为，"由于人自身的缺陷，例如体力有限、易受伤、动作不精确等，所以人类需要用物来取代体力、智力。通过这种取代，进而达到进化、优化自身的目的"[①]。那么取代的可能性有多大？取代的又是否只有体力和智力？机器人能否变得跟人一样具备自主意识或独立思考能力，从而从人类的工具、"仆人"变成"同伴"乃至颠覆者？工业机器人在过去的几十年中已经进步了很多，但是这些进步主要体现在机器人控制的精准性、机器人的力量和持久性，以及缩减的重量和成本上，真正的突破来自机器的感知领域，未来的机器人可以看到、听见、做计划，还能根据复杂混乱的真实世界来调整自己，毕竟现在已经有技术可以让机器人识别、重现乃至干预人类的情绪，其中社交机器人就是典型。社交机器人不仅要像情感计算那样，从多条线索中分析确定使用者的情绪，还必须有能力以一个独立实体的身份作出回应、展开互动。

在社交机器人领域，不同的范式（如人工生命、类人机器人或移动机器人）集合在一起，同时应用到不同的领域（如治疗、教育、家庭或科学研究），这种多样性使社交机器人的定义难以确定。早前的社交机器人（social robots）更多用来指代特定类型的机器或者智能系统，慢慢地被人设想它有朝一日将能够超越传统，使其能够自己从基本需求和性格以及与环境因素的关系中制订出自己的行为计划。换句话说，让机器人有一定的行为自主性。在这个构想

---

① 林德宏：《"技术化生存"与人的"非人化"》，《江苏社会科学》2000年第4期。

上，许多学者强调了新时代社交机器人其他方面的重要性：能动、具身、情感或沟通。机器人学家辛西娅·布雷泽尔将社交机器人定义为"具有类似人类的社交智能，与之互动就像与另一个人互动，甚至在理想的状态下，他们可以像我们一样与我们交朋友"①。广义上讲，社交机器人是指具备一定社交功能，被用于实现人机交互的软硬件系统，旨在通过设计和编程来促进这些互动，以便与我们现有的社会本能、习俗和情感线索协同工作。从地板清洁机器人 Roomba 在其清洁周期结束时播放的欢快歌曲，到用于孤独症谱系障碍儿童治疗的 NAO 机器人，再到用于老年护理的机器人 Paro，我们可以找到各种各样的例子。

1966 年，ELIZA 作为第一个具有社交属性的机器人出现在麻省理工学院的计算机科学实验室中，实现计算机程序通过人类语言进行对话的功能。随着人工智能和大数据技术的广泛应用，社交机器人的形态和种类也日渐多样化，从简单的网络信息爬虫到灾难事件警告、播报天气预报的机器人，再到更加智能的语音聊天机器人（如 Siri、天猫精灵等），乃至餐饮部门使用的实体接待机器人，等等。也有学者认为社交机器人就是社交媒体机器人，一种在社交网络中自主运行社交账号，并且有能力自动发送信息和链接请求的智能程序，认为其本质是一种社交网络中的计算机算法。比如中国学者张洪忠等认为，"社交机器人是指社会网络中扮演人的身份，拥有不同程度的人格属性并与人进行互动的虚拟 AI 形象"②。事实上，社交机器人的范畴比社交媒体机器人更广，后者的活动空间一般是社交网络，并主要针对社交关系和信息传播进行活动，前者侧重于所有的社会环境下的与人交互行为。在萨里卡（Maoro Sarrica）及其同事们看来，社交机器人是具有一定（或完全）自主性的物理实

---

① C. Breazeal, "Toward Sociable Robots", *Robotics and Autonomous Systems*, Vol. 42, No. 3, 2003, pp. 167-175.

② 张洪忠、赵蓓、石韦颖：《社交机器人在 Twitter 参与中美贸易谈判议题的行为分析》，《新闻界》2020 年第 2 期。

体，通过交流、合作和决策参与人类的社交互动，这些行为随后被旁观者解释为"社会行为"。因而本书要探讨的社交机器人首先排除那些虚拟 AI 形象或利用算法生成的社交媒体账户，而是那些"具备社交属性、能够遵循社会行为和规则，与人类或其他主体进行互动或交流的自主机器"。换言之，是偏向类人化的实体机器人，这个"类人"区别于外观上与人相似的人形机器人，更多地表现在感知智能、认知智能、运算智能、运动智能和情感智能在内的类人"智能"上。它们不仅是一个"实体"的存在，还在不同的协作环境中扮演不同的角色（如治疗师、训练员、调解员、照顾者或同伴等），拥有诸如做家务、哄小孩睡觉、演奏、安抚、护理、聊天等多种功能。

从上述分析可知，对于具身或实体类"社交机器人"一词的定义目前还没有形成统一的说法，但大部分定义基本同意社交机器人具有以下特征：（1）物理具身，即社交机器人具有物理身体；（2）社会性，即社交机器人能够通过显示人类特征与人互动，同时遵循其角色所附带的社会规则（通过程序设定）；（3）有一定自主性，即社交机器人可以自己做决定。社交机器人为教育或医疗等领域提供了有价值的解决方案，在这些领域，机器人必须具备建立和维护社会关系的社交技能（即便其领域由非社交活动主导也算）。因此，本书将实体类社交机器人定义为，通过遵循机器人想要与之互动的人所期望的行为规范，与人类进行互动、协作或沟通并拥有一定自主性的具身机器人。

二 社交机器人的类型

21 世纪以来，社交机器人的发展日新月异，真空清洁机器人、治疗类机器人，各种娱乐机器人（如 Pleo）、宠物机器人（如 Kitty Cat）、机器人娃娃（如 Baby Alive）等纷纷出现，让人应接不暇。最早的社交机器人是为娱乐目的制造的，但后来的模型越来越追求交互，比如让机器人拥有对用户情绪状态反应的能力，不过社交机器人的首要目标是获得一定程度的社交能力，从而能够更好地融入人类群体。社交机器人可进一步分为服务型机器人及陪伴型机器人。服务型机器人是辅助设备，旨在通过协助移动、完成家务以及监测健康和安全来支持人们独立生活。陪伴型机器人不协助用户执行任何任务，而是通过交流互动、充当同伴来提高人的生活质量。这些机器人通常用于帮助有特殊需要的人，如老年人、孤独症儿童或残疾人。他们的目标通常是在特定环境中（如家庭、学校、疗养院或医院）提供帮助。也有些机器人既提供陪伴又提供帮助，这意味着它们更能便捷、深入地与用户沟通及交往。

一定意义上，社交机器人可被视作友好型机器人、社交智能机器人、关系型人工制品等。雪莉·特克尔认为社交机器人是一种能够表现出"思维状态"的关系型人工制品。"关系"一词还表示她的精神分析取向和对用户技术交互中人类意义的强调，她认为社交机器人预示着一种新型人际关系的出现，即我们会在彼此孤独的情况下，又感觉彼此相连。近些年更为亲密的人机交互逐渐增多，机器人一定程度上可以补充、替代或者恢复人类已丧失的身体机能或思维能力。后文将列举几种本书所要重点探讨的，以陪伴为主、兼具护理功能的社交机器人。

社交机器人设计的目的就是帮助人类完成日常事务或让人类的生活更轻松，所以在家庭领域中，他们很多时候扮演了保姆或助手的角色，其功能用途广泛。例如，市场上有一种美国研制的、面部表情可以改变的机器人叫爱因斯坦，它可以与你合作，分享它对科学的热情并提供大脑游戏等。该型机器人须发皆白，脸上汗毛根根逼真，它虽然只有头部和肩膀，却能根据人类喜怒哀乐做出相应的面部表情。科学家希望它能催生"多情"智能机器人，增进人机甚至人人交流。

由麻省理工学院科学家辛西娅·布雷齐尔制造的吉宝（Jibo）机器人，高约28厘米，重约6磅，虽不能自由移动，但拥有电子眼睛、耳朵和声音，头部可以360度旋转并进行声音定位，能够讲故事、聊天和提供安慰，也可以拍照和做日程提醒，甚至还可以帮助你管理和建立生活中最重要的人际关系。因为它会学习识别你的家人和朋友的面孔，这样当他们进入房间或来拜访你时，它就可以开始与他们交谈。具体而言，吉宝拥有以下多种功能：

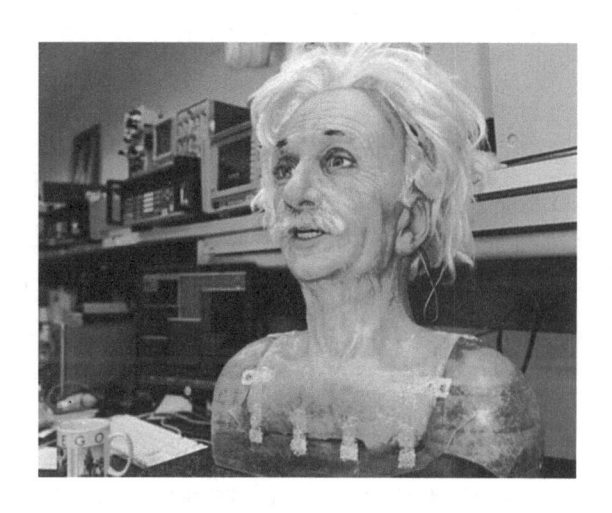

图 2-1 机器人"爱因斯坦"

资料来源：黄心汉：《A3I：21世纪科技之光》，《智能系统学报》2016年第6期。

看：识别并记录人的面部，捕捉照片，视频通话；
听：360度的微型耳机和语言程序；
学：人工智能算法，通过计算得到用户偏好；
助：处理提醒、订餐、拍摄照片和视频、发送邮件、连接智能设备等；
提示：消息推送和日常事项提醒，个人助理等。

1999年，索尼首次推出一款声称具有独立思考能力和表达能力的机器小狗，名叫"爱宝"（AIBO）。爱宝的系统（即代理体系结构）与软件程序相连，允许给定的爱宝表达各种"成长"过程，在爱宝从卖萌的宠物小狗到成熟大狗的过程中，根据人们对待它的方式不同，每一个爱宝又会形成独特的个性。在这个过程中，爱宝会学习技能，会表达感情：眼睛中闪烁的红灯或绿灯代表了不同的情绪，每一种情绪都伴有不同的声音。

图 2-2 机器人"吉宝"（Jibo）

资料来源：《CES 2018 有哪些看点，让人值得期待的新产品有哪些?》，2018 年 1 月 10 日，知乎网站，https：//www.zhihu.com/question/265129851/answer/292706101。

图 2-3 机器人"爱宝"（AIBO）

资料来源：《索尼 AIBO 机器狗卷土重来 推出全新巧克力配色》，2019 年 1 月 24 日，环球网，https：//3w.huanqiu.com/a/c36dc8/9CaKrnQhP7N。

号称"最善解人意"的社交机器人帕罗（Paro），其设计的初衷是与人进行身体上的社交互动，它有着人造白色皮毛，让人一看到它就想触摸它并很快对其产生依恋，它支持治疗和护理。帕罗在白色合成毛皮下使用12个触觉传感器对触摸作出反应，会移动尾巴，睁开或闭上眼睛，还会识别面孔、声音和自己的名字。在医学领域它也常被用作物理辅助治疗，根据多项临床试验，与这种机器人互动对老年人的心理健康、认知能力和情绪反应都有显著的积极影响，所以帕罗主要与老年人互动。许多老年人从心理上对帕罗产生依赖，并与其分享秘密，在帕罗的陪伴下，他们拥有新的生活。

图 2-4　机器人"帕罗"（Paro）

资料来源：《前廊：研究证实海豹型机器人 Paro 对痴呆症患者具显著疗效》，2016年4月8日，199IT 网站，http://www.199it.com/#google_vignette。

类似的陪伴型社交机器人还有很多，2015年由法国阿尔德巴兰机器人（Aldebaran Robotics）公司推出的"胡椒"（Pepper），赢得了世界上第一个真正的社交机器人的桂冠。这个小小的白色机器人，轻巧干净，能听懂人的语言，知道你在触摸它，还能对部分情绪作出反应。在日本大阪还有一款儿童机器人"Affetto"，它长着一张婴儿脸，有两只小胳膊，皮肤摸起来跟婴儿一样，当它噘着嘴、哭闹，发出咕噜的说话声、转动眼睛感兴趣地看着参观者，就会让人们禁不住想要与它建立关系。社交机器人能为人类做很多的事，而它们的面部表情和声音，让它们有了貌似人一样的思想和灵魂，人与社交机器人的关系也就越亲近。

三 社交机器人的研究现状

2013 年，《哪些用户回复并同 Twitter 上的社交机器人互动？》（"Which Users Reply to and Interact with Twitter Social Bots？"）一文发表，拉开了社交机器人研究的序幕。近几年该主题受到非常多的关注，成果则分布在计算机科学、工程科学、通信科学、心理学及法学、传播学等多个学科领域。中国的相关研究主要集中在近三年，但大部分文献所探讨的社交机器人内涵与本书所限定的实体陪伴类机器人不相符，所以不在此处讨论。国际上关于社交机器人的研究且与本书密切相关的主题主要聚焦在以下两个方面。

第一，主要是围绕社交机器人的设计与开发等研究展开。日本机器人专家森政弘（Masahiro Mori）提出的恐怖谷理论，是对人类与包括机器人在内的非生命体之间关系预测的第一次理论评估，该理论为社交机器人的设计提供了重要的参考。[①] 森政弘的假设指出，由于机器人与人类在外表、动作上相似，所以人类亦会对机器人产生正面的情感；而当机器人与人类达到一个特定的相似程度时，人类对它们的反应便会突然变得极其负面和反感，哪怕机器人与人类只有一点点的差别，都会非常显眼刺目，从而整个机器人有非常僵硬恐怖的感觉，犹如面对行尸走肉；当机器人和人类的相似度继续上升，相当于普通人之间的相似度的时候，人类对他们的情感反应会再度回到正面，产生人类与人类之间的移情作用。他还进一步指出，有两种方式来规避恐怖谷效应，一个是让机器人达到完美的人性，也就是和人一模一样；另一个是让人类从婴儿（1 岁以前）开始

[①] M. Mori, "The Uncanny Valley", trans. K. F. MacDorman, T. Minato, *Energy*, Vol. 7, No. 4, 1970, pp. 33-35.

就尽快接触机器人，用中国的语言来说就是"习惯成自然"。

然而也有学者认为，完全参考第一种方法来设计社交机器人是不现实的，一方面社交机器人不可能拥有和人一模一样的"人性"，就算达到一样也可能会"陷入"另一个恐怖谷效应；另一方面随着技术的发展，社交机器人也不会因达到契合人类特点的最大化而结束，比如机器人完全可以拥有超越人类的强大计算能力或360度注视跟随能力。第二种方法也会导致严重的问题，因为在婴儿发育的敏感期接触此类社交机器人可能会导致人类的错误学习，以及在以后的生活中混淆物种识别和偏好。所以，他们建议社交机器人开发应遵循四大原则：（1）不能破坏自然的人际关系；（2）不能与人竞争；（3）要能够与人类发展社会伙伴关系；（4）要更易于融入我们的社区环境。[①]

在此基础上，也有越来越多的人比较看重社交机器人的巨大潜力，注重提升社交机器人的交互能力，即通常所说的行为和决策的逻辑，比如有提出将机器人的情感算法模型与情感心理模型相结合，从而实现机器人在情感上与人类无障碍进行互动的理想情况。其中，保罗·杜穆切尔等在《与机器人共存》一书中就提到，社交机器人可能会通过其拟人化的形式和运动表现出一定的活力，因为机器人开发者有意利用人类的共情倾向，通过赋予它们类似人类的特征来提升模拟社会行为的可信度，他们进而还提出了"人工移情"的概念。还有人进一步提出设计出更新颖的陪伴类机器人，使其从社会推广走向普通家庭，这种机器人不仅需要考虑功能作用及其可接受性，还要考虑其美学特点包括视觉吸引力，旨在提升与之互动人类的舒适度和幸福感，比如将拟人化作为一个关键的实验工具来理解人机交互过程中的契合机制。在设计过程中突破社交机器人与人交流的边界，弱化视觉功能、凸显身体以及声音功能来实现

---

① Á. Mikloósi et al., "Ethorobotics: A New Approach to Human-robot Relationship", *Frontiers in Psychology*, No. 8, 2017, p. 958.

情感表达，让社交机器人即使处在关闭状态仍不失为一个有亲和力的陪伴对象，同时还可以像家具一样与家中的环境无缝融合等。①

第二，主要是针对社交机器人带来的社会影响以及我们对它的态度及规制等进行的研究。这类研究多结合实际案例，比如有研究证明，机器人与用户互动的能力是加强人们与机器人的融洽、合作和互动的关键特征之一，尤其是那种能够个性化调整其互动策略以适应用户偏好、需求以及情绪和心理状态的能力。② 文章《老年人护理中的辅助社交机器人：研究综述》是其中颇具影响力的研究典范，到目前为止，这篇文章被广泛引用上百次，作者们认为，"为与人类进行社交互动而设计的一种特殊类型的辅助机器人可以在老年人的身体和心理健康方面发挥重要作用，原因有两个，一个是功能性的，另一个是情感性的"。③

大多数机器人学家对机器人与社会之间的互动持技术决定论观点，然而事实上机器人在现实世界中的影响还受到许多社会因素的制约，包括使用环境、用户特征等。所以很多学者对社交机器人的影响表示担忧，比如，在人口老龄化、劳动力萎缩严重的日本，越来越多的养老院使用机器人协助护理工作，使日本老年人对社交机器人产生了情感上的依恋。情感机器不仅推动了产业发展，还使亲密关系多样化，让人们尤其是御宅族以其他方式生活。当人们在情感上越来越依附于情感类社交机器人，也可能会引起争议。社交机器人介入人类的社交环境，可以被用于欺骗目的，它们充斥着道德、歧视和责任缺陷。特克尔更是直接指出，虽然这些设备可能满足提供护理所必需的所有外在要求，但它们只是对表达及感觉的模

---

① W. E. Matthew et al., "The Logic of Design Research", *Learning: Research and Practice*, Vol. 4, No. 2, 2018, pp. 131–160.

② D. A. Koutentakis, A. Pilozzi, X. Huang, "Designing Socially Assistive Robots for Alzheimer's Disease and Related Dementia Patients and Their Caregivers: Where We are and Where We are Headed", *Healthcare*, Vol. 8, 2020, p. 73.

③ J. Broekens, M. Heerink, H. Rosendal, "Assistive Social Robots in Elderly Care: A Review", *Gerontechnology*, Vol. 8, No. 2, 2009, pp. 94–105.

仿,是"假装"关心别人的算法程序而已。可见,当社交机器人的发展正在重新定义人们与技术的互动方式时,这种反思与担忧随之扩散。

综上可知,目前社交机器人研究比较流行,属于多学科的新兴研究领域。随着技术与媒介融合的不断深入,社交机器人的更新迭代也越发迅速,大部分研究侧重于社交机器人本身带来的正面或负面影响,真正直接探讨其与人类的关系的文献较少,即便有提到关系的也只是从社交机器人对人的影响这个层面来阐释,并未就人与社交机器人的关系进行有价值的后人类主义视角的反思。所以,本书对人与社交机器人关系的探讨会更侧重于从后人类主义视角出发,探索人与社交机器人关系的本质及其生成逻辑,比如老人把机器人当作家人,问题不在于老人是否爱机器人超过了家人、朋友,而在于这种亲密关系的建立意味着什么。这可能会颠覆一些经典理论以及挑战人类独特性的概念,囿于探讨人与社交机器人关系的文献较少,且任何新的发现都不能完全脱离传统或相关的研究,所以本书接下来将重点梳理广义上的人机关系研究。

第二节 后人类主义的发展谱系与议题聚焦

一 后人类主义的发展谱系

后人类主义这个词的含义很容易让人混淆,不同学者对此也有不同的解释,这或许与其英文构词有一定关联。在英文中,"后人类主义"(Posthumanism)可作"post-humanism"解,亦可作"posthuman-ism"解。如果是前者,其实应该译为"后人文主义",后者则是"后人类"加"主义"。批判性后人类主义的代表人物卡里·沃尔夫(Cary Wolfe)在《何为后人类主义》(*What Is Posthumanism*)一书中指出,"后人类主义"一词真正进入当代人文学科与社会科学的批判话语是在20世纪90年代中期,而"后人类"思潮的来源则要更早一些。① 他将"后人类"思想的谱系追溯到米歇尔·福柯（Michel Foucault）撰写的《词与物——人文科学考古学》末段所宣称的人类的终结："人是我们的思想考古学能轻易表明其最近日期的一个发明。并且也许该考古学还能轻易表明其迫近的终点……人将被抹去，如同大海边沙滩上的一张脸。"② 换言之，科学研究与新兴技术——从人工智能、生物基因技术到有机体与无机体的结合，都从改造与征服自然转向试图重新书写"人类"本身开始，后人类社会的人也许将因此丧失深度，沦为一个存在于幕后的、可以随意改变自己属性的、无比单薄且毫无内涵的主体。

作为名词标签的"Posthumanism"不仅有着庞杂的意涵，其思想缘起也众说纷纭，有人认为后人类主义的历史在哲学思想中没有明显的起点、中间点或终点。相比之下，斯蒂凡·赫布莱克特认为后人类主义是对尼采低估价值的一种反应，而尼尔·巴德明顿认为是马克思对社会关系之外的自然人类本质的拒绝，西格蒙德·弗洛伊德则发现无意识力量是后人类主义的开始。③ 信息科学研究、福柯主义的后结构主义、女权主义以及生物科技等皆可算得上后人类主义的起源。

20世纪50年代，诺伯特·维纳（Norbert Wiener）出版了划时代著作《控制论》，将人类、社会现象、机器和有机体放在同一分析层面上，有力地推动了人类去中心化，并以更密切的关系来思考生命和存在。尤其从1977年伊哈布·哈桑（Ihab Hassan）在《作为表演者的普罗米修斯：迈向后人类文化？》一文中首次使用后人文主义概念以后，后人文主义概念在人文和艺术领域得到了发展、扩大和扩散。20世纪六七十年代的后结构主义思想家（如米歇

---

① C. Wolfe, *What Is Posthumanism*, Minneapolis: University of Minnesota Press, 2010, p. xii

② [法]米歇尔·福柯：《词与物——人文科学考古学》，莫伟民译，上海三联书店2001年版，第392页。

③ P. K. Nayar, *Posthumanism*, Cambridgeetal: Polity Press, 2013, pp. 11-34.

尔·福柯、吉尔·德勒兹和雅克·德里达）是理解这一点的重要催化剂。20世纪80年代，唐娜·哈拉维在《赛博格宣言》中成功把研究拓展到义体人类（Cyborg）的讨论，现已成为研究赛博朋克的重要理论，尽管哈拉维本人警惕"后人类"这一说法，但她的著作仍然是"高度后人类主义的"。哈拉维呼吁一套全新的亲属关系系统。我们与非人类"他者"之间具象的情感联结，正在不断地激化着这一关系系统。而且，她还将这些特权拓展到非人类行动者或主体上，比如动物、植物、细胞、细菌以及整个地球。罗西·布拉伊多蒂（Rosi Braidotti）在《后人类》一书的"导论"中宣称：

> 后人类状况不是一系列看似无限而又专断的前缀词的罗列，而是提出一种思维方式的质变，思考关于我们自己是谁、我们的政治体制应该是什么样子、我们与地球上其他生物是一种什么样的关系等一系列重大问题；我们的共同参照系的基本单元应该是什么，从而引进一种全新的思维方式。①

凯瑟琳·海勒（Katherine Hayles）在《我们何以成为后人类》一书中深入探究"身体"在信息时代的命运，阐明人类所身处的虚拟时代以及未来的走向，比如，身体、赛博文化与人本主义主体的消解。弗朗西斯·福山（Francis Fukuyama）在《后人类未来》一书中讨论生物科技的伦理，吸引了众多不同学科学者加入讨论。

综合而言，后结构主义、后现代主义、后殖民主义等领衔的"后"学研究对传统人文主义造成了巨大激荡，而后人类主义可以视作"后"学的一个分支，因为它对各种"后"学论述进行了大量

---

① ［意］罗西·布拉伊多蒂：《后人类》，宋根成译，河南大学出版社2016年版，第2页。

汲取与广泛综合。有学者也将后人类主义视为一种后排他主义（post-exclusionism），因为它是在最宽泛意义上对生存的和解，是一种关于居间中介（mediation）的经验哲学。后人类主义并不采取任何先前的二元论或二元对立的观点，通过后现代解构的实践，它对任何由本体论引起的两极分化现象行了祛魅。后人类主义也是一种后中心化的理论。它取消了中心之为中心在于其单一化的形式，无论是处于统治地位的还是处于其对抗地位的。后人类主义的观点是多元的、多层次的，同时也是综合性和包容性的，后人类情境为人类重新认识自我、定义自我，进而从去人类中心化角度批判性地反思人类文明提供了绝佳的契机。

二　后人类主义的议题聚焦

过去几年，生物伦理（Bioethics）蔚为大热，比如《后人类状况：生物技术挑战的伦理、美学和政治》（*The Posthuman Condition: Ethics, Aesthetics and Politics of Biotechnological Challenges*）、《后人类伦理：具身化与文化理论》（*Posthuman Ethics: Embodiment and Cultural Theory*）以及《生物技术时代的人性：后人类中介的案例》（*Human Nature in an Age of Biotechnology: The Case for Mediated Posthumanism*），尝试去讨论生物技术的发展、商业利用、控制政策和伦理以及对人类可能的影响。近几年，后人类主义作为一种哲学话语方兴未艾，这与当前弥漫在政治、经济、社会生活中日益浓厚的"技术性"息息相关，可以说后人类主义是对现代"高技术"文化情境的解读与叙事，因此其聚焦点仍是人与技术关系这一个老而弥新的议题。

后人类主义并非一个本质主义的概念，而是一种方法论，Post-humanism 中使用的前缀既指向了"之后"这种对行动、状态的历史性描述及其隐含的自我"超越"的语义，也指向了后人类主义与其他"后"学所共享的对确定性、唯一性、中心性的抛弃。其中，主体性作为存在、意义、身份认同的重要基石，是各个"后"学共同勠力的战场，也是观察人与技术关系的重要视角。尽管"主体已死"这种后现代主义式的铿锵论断言犹在耳,但主体性作为观察人与技术关系的视角并未失效,恰恰是现代高技术文化情境下人与技术关系敞开的新空间、开启的新议题,凸显了重新启动作为概念、视角或方法的主体性的必要,正因如此,主体性概念的分殊与重构再次跃出人文思考的地平线。

智能机器人以及各种人工生命体所表征的"有生命的技术"——这正是今天后人类主义所聚焦的现实议题。在后人类学者看来,身体性存在与计算机仿真之间、人机关系结构与生物组织之间、机器人科技与人类目标之间,并没有本质的不同或者绝对的界限。人与机器的双向隐喻和转化不仅奠定了技术主体论的修辞学基础,也为后人类主义重启人与机器或技术关系的探讨提供了重要的出发点——推进现代生命观念和主体性理解的认识论革命的到来,正是后人类主义的重要目标。"赛博格"——一种将人类主体和技术主体联结、铰合而成的新型主体,则成为后人类时代技术主体的重要代表。

赛博格主体的到来意味着什么呢?一方面,当代高技术确实呈现了人机共生的部分可能;另一方面,赛博格主体在隐喻人与技术共生可能的同时也指向人与技术关系的不确定性与动态化。我们不得不思考,技术对生命的重构是否将危及既有人类生命存在的合法性?人类作为生命物种的独特性、稳定性及其存续是否还有坚守的价值和意义?所以赛博格主体在现实领域的赋形再一次将人与技术的关系问题化,而且远远超越了技术本体论视域下技术异化理论所打开的层次与空间。面对此类问题,后人类主义更愿意凸显对新型技术主体的包容态度,也更愿意看到人类主体性敞开既有边界之后的勃勃生机。其一,后人类主义延续了"后"学以来所确认的主体性作为文化/政治建构的话语,并以此作为重要的理论预设和方法论基础,赛博格主体表征的现代技术社会则为这种方法论提供了重要的情境支持。其二,通过对现代社会高技术现实的积极回应和对系统论、控制论话语的吸纳,后人类主义更加关注和肯定主体性的现实构成（特别是技术构成），更加强化技术创新型主体的可能前景，并以此扩展主体的内涵与外延，从而将"后"学主体性批判的形而上学落实到技术社会本体的实践政治中。

后人类主义意图对人类理性提出挑战，揭开传统思想潜藏的人类中心思维，消解人类中心主义烙印于人类意识中的各种既定印象，着力探讨跳脱人文主义的"人类中心"框架后，人类将如何与"机械"或"工具"相结合。① 正如拉图尔以科技为切入点，全面检讨了"现代性"的一个核心问题，即笛卡尔式二元区隔（如自然与社会、主体与客体），呼吁正视杂合物（hybrid）的存在，力主科学、技术与社会（Science, Technology and Society, STS）逾越上述区隔，以改写西方现代性，而将之重新定义为非现代性。

虽然后人类主义思想来源纷杂，但也形成了一定的研究范式——批判后人类主义与科技后人类主义，两种范式并不是界限清晰、完全独立的研究路径，而是相互汇聚融合。后人类主义集中地讨论了现代技术的发展与表征问题，人类与现代技术高度发展的关系问题，人类的生存境况、人的主体性问题、动物转向、生命治理形式、乌托邦以及人文科学的发展与现代技术的关系等核心命题，既对当代人文科学发展提出新的挑战，同时也促使其获得自我启动的新机遇，使人文学者突破传统理论视域，开拓新的研究方法与领域。特别是在新兴生命技术、人工智能技术发展图景中，后人类主义绝不仅仅是一种幻象，恰恰相反，它提供了一定的思想资源以在技术化生存时代指导如何正确处理人与技术的关系。具体而言，后人类促使我们重新思考人类地位的必要性，思考重塑人之主体性的重要性，以及需要研发出符合我们时代复杂性的伦理关系与价值观。

---

① 赖俊雄：《批判思考：当代文学理论十二讲》，中国台北：联经出版事业公司2020年版，第486-487页。

第三节　关于人机关系的研究综述

一　关系的内涵与特征

从字面意义来说,"关系"可以被译为"人际关联"(personal connection)或"联系"(relationship),但关系一词深植于中国本土文化,其内涵涉及个人信任、道德义务和情感等,因此比英文直译包含更加丰富的情感、道德与文化意涵。如金耀基所言,关系是理解中国社会结构的关键性社会文化概念,是中国人用以处理其日常生活的基本储藏知识的一部分。[①] 此外,关系还是中国人所共有的一种潜在的文化假设。因此,英语学界将中国社会的"关系"概念发展为一种新的理论视角,并直接使用汉语拼音"Guanxi"来指称这一独特的人际关系(interpersonal relationship)类型。尽管我们每个人无时无刻不在进行着关系的生产与再生产实践,但如果要给出清晰的关系定义,我们便会发现并不简单。这便是常识研究最困难的地方,即我们无比熟悉,却难以言说。由于关系已经内化到地方社会之中,成为布迪厄(Pierre Bourdieu)所说的一种"惯习"(Habitus),我们便很难觉察到其独特性所在。大部分对关系的定义较为侧重于"关联性",在此,本书采用社会学家边燕杰(Bian Yanjie)对关系的定义:"关系是一种二元的、特殊的、感性的纽带,有可能促进由这种纽带联系起来的各方之间的利益交换。"[②]

关系内涵的实质是关系的构成。关系包含既定的关系成分也即交往双方在某个时间点已经建立起的一种社会联系,这是关系得以生产和再生产的基础。这种联系可以是先天的(血缘关系、亲属关

[①] 金耀基:《关系和网络的建构:一个社会学的诠释》,《二十一世纪》(双月刊) 1992 年第 12 期。

[②] J. Beckert, M. Zafirovski eds., *International Encyclopedia of Economic Sociology*, London: Routledge, 2006, p.312.

系），也可以是后天的（同学关系、同事关系、战友关系）。中国社会的关系本质上源于传统社会的一种"缘"（如血缘、亲缘、地缘、业缘等）的纽带。杨国枢指出，传统中国有两种缘观念：缘分与机缘。① 前者是命定性的或前定性的持久性社会角色关系，包括家属之缘、师生之缘、朋友之缘、同事之缘等。后者是命定性的或前定性的临时性人际互动关系，包括同乘舟车之缘、同席餐饮之缘、同店宿止之缘、同场考试之缘等。而构成关系基础的这种"缘"的纽带主要是缘分。缘分的持久性既可以是事实性的，也可以是认定性的。前者如基于血缘形成的家人关系，后者如基于某种约定而形成的婚姻关系。杨宜音总结了乔健先生在《"关系"刍议》等文中对于关系特点的几点看法。

第一，关系是以自我为中心的，这个"自我"可以是一个人也可以是一群人或一个单位。

第二，关系是一个能动的概念。这有两重意义：一是不同于近亲关系（如父子、夫妻），它需要不断地交往来维持；二是其存在是为了一些实际的目的。

第三，关系不断地与别的同一自我的关系交叉作用构成了关系网。

关系的第一个特征是角色的规范，即关系本身具有决策规范的含义。社会身份（尤其是亲缘身份）构成了人们界定自己与对方互动规范的基础。② 第二个特征就是情感依据。关系本身是一种情感的区分与表达，构成了亲密信任和责任的依据。而且，在亲缘关系越相近的对偶角色中，相互之间的关系越熟悉亲密，越应当信任。第三个特征就是差序格局。中国人的关系既包括横向的亲近联系，又包括纵向的长幼尊卑。第四个特征表现为，关系不是一套静态的行为规范，而是一种动态的实践。每个中国人都有一套处理社会和

---

① 杨国枢主编：《中国人的心理》，中国人民大学出版社2012年版。
② 杨宜音：《关系化还是类别化：中国人"我们"概念形成的社会心理机制探讨》，《中国社会科学》2008年第4期。

人际关系的理论，并在现实生活中加以运用。中国社会波纹状的差序格局并非固定不变。通过和自己有关系的"中间人"介绍，陌生人也可以与自己建立关系，被纳入关系网之中，并随着亲密程度的增加，从关系网的外圈移动到内圈。同样地，如果我们长时间不去经营关系，即便是"熟人"关系也会变得生疏。因此，关系是一个持续营造，不断生成（becoming）的过程。

"关系"内涵其实暗含了中华文化的传统哲学及基本世界观，即世界是由关系构成的，包括天地人的关系、人与人的关系以及世间万物之间的关系，是一个复杂的关系体。关系理论所折射的内涵包括两个方面。一方面，社会世界的关系本体决定了自在、他在和共在的共时性、自我身份的关系性以及我他利益的共享性。也就是说，自我存在、自我身份和自我利益与他者存在、他者身份和他者利益密切关联，是无法在孤立的条件下实现的。另一方面，"关系理论"在认识论和方法论上遵循中庸辩证法的基本原理，认为世界的元关系是"阴阳关系"。"阴阳关系"的原态是和谐，阴阳两极呈"你中有我，我中有你"之势，一体两面、互为生命，阴阳互动是相辅相成、动态互补、共同生发、造就新生命的动力过程。因此，关系构成的世界是由关系运动推动发展的，其本源是和谐的。相辅相成的关系过程维护着世界的动态平衡，是共同进化的和谐化过程。以中庸辩证法来认识关系构成的世界，可以消解非此即彼的二元对立思想、零和博弈的战略思维与"冲突—征服"的世界观，赋予行为体的能动以更加积极的意义。"关系理论"呈现一种结构与过程的张力，过程是由流动的关系构成的，在过程中唯一确定的就是不确定性。

当我们以社会身份来界定自己与对方的互动规范，关系就拥有了角色规范的意义。在这种角色构成的格局中，关系就能成为亲密、信任及责任的依据。中国台湾的社会心理学者黄国光将中国人的人际关系分为三种，分别是情感性关系、工具性关系、混合性关系。其中情感性关系是最稳定的社会关系。这类关系的显著特点是可以满足人的安全感、归属感等情感需要。比如，家庭关系就是情感关系中最常见的关系之一。与情感关系相对的是工具性关系，这种关系是建立在与家庭以外的其他人之间，以获取自己想要的物质为目的的一种关系。这种关系也就是我们常说的功利化关系，大多发生在与陌生人或者泛泛之交的关系中。工具性关系通常短暂而不稳定。而介于情感性关系和工具性关系之间，还有一种关系，被称为混合性关系。混合性关系也通过人际交往、互动建立了一定程度的感情基础，但是它并不像情感性关系中的关系那么稳固。比如，亲朋好友、同学、同事、同乡之间都是这样的关系。这种分类方式对于人类在看待人与机器的关系的时候也起到了重要的指导作用。

综合而言，关系的分类方式主要有三种。第一，按照关系的基础来划分，即分为家人关系和社会关系两大类型。血缘、亲缘、地缘、业缘等便是根据关系的基础进行界定的。第二，我们根据关系交换的性质进行分类，具体可以分为情感性关系、工具性关系以及混合性关系。这三种关系并非泾渭分明，而是可以相互转换。第三，我们可以根据实践场域将关系分为主从关系、人员关系、合成关系和朋友关系四种类型。其实，在关系实践过程中，我们都可能同时拥有上述多种关系。

二 人机关系的不同研究取向

前文提到，国外学者对于人与社交机器人的关系研究较少，但是关于人机（包括一般机器）关系的研究如《失控》《奇点临近》《与机器赛跑》《情感机器》《机器人的未来》《第二次机器革命》《人与机器共同进化》《人工智能的哲学问题》等不胜枚举，且跨及心理学、人类学、社会学、文学、哲学、诠释学、信息科学、符号学、法学等多个学科。本部分专门梳理了四种与本书研究密切相关的研究取向，以便为探讨人与社交机器人的关系提供思路。这四种不同的取向着重以研究者的代表性观点来判断，并不代表文中提到的学者仅从一种取向对人机关系展开过思考，且四种研究取向也有交集的可能性，只是侧重点不同。

（一）技术构想取向

当人类迈入工业时代之后，人机关系就成为人与技术关系的一个核心主题，沿着技术发展的传统，人机关系可能会被许多人界定在人与技术的关系范畴中。海德格尔从存在论的视角出发，详述了物质的"上手性"与"在手性"问题，为研究人机关系问题提供了新的思考维度。他在《关于技术的追问》一文中提出，"技术不仅仅是手段，还是一种展现的方式"；它不再是"中性"的，而作为"座架"支配着现代人理解世界的方式，"限定"着现代人的社会生活，成为现代人无法摆脱的历史命运。[1] 后来的研究者通过重新挖掘海德格尔的媒介技术哲学思想，全面审视了智能环境下人机之间"互构"与"互驯"的融合关系。马尔库塞（Herbert Marcuse）揭示，科学技术是现代工业社会中的决定性力量，同时又具有政治意识形态的职能。人们在科学技术造就的富裕的"病态社会"中得到物欲的满足和"虚假的快感"，但丧失了对现实社会的批判和对美的精神追求，从而成了被操纵、被控制的"单向度的人"。芒福德（Lewis Mumford）、弗洛姆（Erich Fromm）等不少国外学者以马克思的批判理论为武器，对现代科技污染人的生存环境、压抑人的本性、物化人的自然生活，甚至使人成为无信仰、无思想、无生气的干枯灵魂等，都做过振聋发聩的揭露和批判。其中，芒福德将技术置于人类漫长的历史发展中并提出了"巨机器"的思想。这一思想对人机关系问题进行了深刻的思考和探究，并明确了人之为人的根本在于心灵的制造。

在传播研究中，身体与技术的关系问题经历了从离身到具身的发展过程。过去的离身传播在工具论层面将媒介技术视为身体的延伸，如今人类经验越来越依赖技术媒介与世界发生关系，具身传播不仅是技术对身体经验的改变，更重要的是，从人—技术媒介—世

---

[1] M. Heidegger, *Issue Concerning Technology and Other Essays*, New York and London: Garland Publishing, 1977, p. 12.

界关系的相关性揭示了媒介技术的生存论转向。以马歇尔·麦克卢汉为代表的加拿大媒介环境学者全面考察了媒介技术对人的感知觉方式产生的诸多影响，为研究新时期人机关系问题提供了新理路。他在《理解媒介：论人的延伸》中以电光为例，指出："电光是一种不带信息的媒介……无论电光用于脑外科手术还是晚上的棒球赛，都没有区别。可以说，这些活动是电灯光的内容，因为没有电灯光就没有它的存在。"[①] 媒介考古学者弗里德里希·基特勒则主张要"注重硬件基础"，从传统的留声机、电影、打字机出发，思考了媒介技术如何重塑了人的本身。贝尔纳·斯蒂格勒认为，技术虽然是人造物，但它的演变形成了一种不以人的意志为转移的客观趋势。趋势在人和物质的交往中自然形成，这种交往使人在有机地主宰物质的同时也改造自身，在这种关系中，任何一方都不占有主导地位。[②] 在马克思看来，人工智能与人和社会的关系未来应该会更加密切而不是相反，因为"离开人的自然也是无"，离开人的人工智能同样也将是"无"，因为它需要人而不仅仅是人需要它。这种"相互依赖""相互转化"的关系同样发生在虚拟世界中，我们可以将这种虚拟世界中的人机界面技术看作人类的合作伙伴。在技术研究路径中，通常将技术人工物视为人类实现既定目标的工具，是研究客体。

如果说以上技术观还不足以支撑我们去认识、理解智媒时代中愈加显著、愈加自然的人机融合实践，技术哲学的登场则一定程度上提供了能够解释智媒环境中人机关系的理论视角。媒介技术哲学谱系的学者们，从刘易斯·芒福德到保罗·莱文森、约书亚·梅罗维茨等，都擅长分析人与媒介技术的互构关系，他们反对将媒介技术作为工具对待，其媒介技术本体论的核心观点是，"媒介并不是主体间或主体与客体之间传递信息的中性管道"，它有其自身结构

[①] [加]马歇尔·麦克卢汉：《理解媒介——论人的延伸》，何道宽译，商务印书馆2000年版，第34页。

[②] [法]贝尔纳·斯蒂格勒：《技术与时间：爱比米修斯的过失》，裴程译，译林出版社2019年版，第53页。

意向。通过作用于人体感知，媒介技术与人在互动延伸中确立各自的存在。

20世纪90年代，英国、挪威的媒介技术研究者们提出了技术的"驯化"（domestication）概念，填补了技术形成论的空白，他们认为技术以一种逐渐浮现的方式影响着社会生活。技术就像一种微妙的混合剂，不断催化社会发展变化且包含了积极和消极的意义。拉图尔的行动者网络理论也试图打破技术与社会的二元对立，跳出人与机器支配和被支配之间二选一（或作为其对立面的共存）这一理念。乍一看这像是工具说（社会构成论）和自律说（技术决定论）的折中方案，但其中包含着与前两者截然不同的要素。在工具说和自律说中，规定行为的最终根据被事先赋予了技术和人类之间的界限。而在行动者网络理论（Actor-Network Theory，ANT）中，规定行为的是技术和人类相结合产生的第三代理，即人类和非人类的混合体。因此，按照ANT理论，人类本来就无法控制技术，也不可能控制技术，这对于我们当前思考人与社交机器人的关系有着重要的启发意义。

（二）哲学的反思取向

关于人机关系问题的探讨，其理论源头最早可追溯到古希腊哲学。长期以来，在宗教神学的束缚之下，人的身体始终被置于一种被抛弃、被漠视和被否定的尴尬境地，人的主体性也并未得到应有的重视。古希腊哲学家苏格拉底、柏拉图、亚里士多德等认为人的灵魂与身体一直都是二元分化的存在。法国哲学家笛卡尔主张"我思故我在"，重新确立"身心二分法"的思想理念。直到德国哲学家尼采率先将身体从理性的压制中解脱出来，主张"一切从实际出发"，身体即是认识的起点，明确强调了人的主体性地位。约翰·彼得斯在20世纪90年代也关注到人的身体地位不断下降和后退的问题，高度强调"身体在场"的重要性。从古代本体论哲学思维到近代认识论、方法论哲学思维的转变，彰显了拥有主观能动性的人与身体之外客观之物的辩证发展关系。奥地利哲学家马丁·布伯认为，人与世界的关系分为两重性：一种是"我—它"的主客关系，即具有"主奴"性质的工具论；另一种是"我—你"互为主体性的对话性关系。目前来看，人工智能技术只是停留在对"人类思维的模拟阶段"，显然还不能挑战作为具有能动性、创造性的人的主体地位，但若"不受控"的高级智能机器人出现，一定程度上会消解传统的"主奴"关系和人机工具论，进而打破自然人和智能机器人的界限，向具有人机平等和主体间性的新型"人—机"关系转变。

在哲学的一个重要分支现象学领域，关于人机关系的看法及反思更加深入。从现象学的观点来看，人与物以及环境并非二元性或者对抗性的，而是呈现为一种延展性和关系性。胡塞尔（Edmund Husserl）用"意向性"表示人与物的关系，认为人的意识总是关于某物的意识，而物也只有向人的意识呈现才有意义，二者是无法分离的。法国思想家、哲学家梅洛—庞蒂从现象学层面入手进一步强调"肉身本体论"，即身体是我们所拥有世界的总的媒介。现象学技术哲学家唐·伊德提出了人与技术人工物（包括机器）之间意向关系的四种形式，分别是"具身关系""诠释关系""异化关系""背景关系"。[①] 伊德的人与技术多重关系的形成突破了传统的主体与客体二元对立的框架，认为主客体在共融、共生中相互作用，从而缩小对二者的认知差距。荷兰学者维贝克（Peter-Paul Verbeek）对伊德提出的四种关系的意向性进行了研究，将其统称为"中介意向性"，这种意向性是"通过"技术人工物发生的。维贝克还提出两类针对当代人机关系的意向性——"混合意向性"（hybrid intentionality）与"复合意向性"（composite intentionality）。"混合意向性"指的是人和机器的融合使其成为一个崭新的存在形式而产生的意向性，"复合意向性"则强调技术（主要指具有相对独立性的智

---

① ［美］唐·伊德：《技术与生活世界：从伊甸园到尘世》，韩连庆译，北京大学出版社2012年版，第72—117页。

能机器）自身具有意向性，与人类意向性复合叠加共同指向世界。① 换言之，人类通过不断将自身的意向性赋予机器，已经使机器在意向性活动中与人类"混合"或者"复合"，共同面向经验世界。该研究取向致力于探究技术人工物如何影响、引导或者调解人类的行为，认为技术人工物的研究需在人与技术人工物的关系中展开，人与人工物的关系是该路径的出发点，而这种关系可以被修正或者重构，离开了人与人工物关系框架的价值分析是没有意义的。

（三）社会学研究取向

随着智能机器人越来越多地融入军事、医疗、社会、家庭等领域，包括社交网络、仿生技术、艺术、虚拟现实等场景，社会学研究学者越发感受到"智能与机器"相互结合所形成的强大力量。这里的"机器"已经超越了"工具主义"与"技术主义"的纯粹逻辑，不仅具备了进入人类生存世界的所有技能要素，还直接成为人类生存世界的内在组成部分。马克思和恩格斯关于人机关系的辩证法认为，人机关系的本质是人与自然关系（主要体现为生产力）和人与人关系（主要体现为生产关系）的密切结合，人机关系不仅是人与物的关系，而且是通过物的中介表现出来的人与人的关系。② 在现实人类社会中，机器（技术）从来都不只是单纯的生产工具，而是深刻打上了生产关系和社会制度的烙印。马克思的人机关系辩证法给我们的最大启示是，人—机关系的实质是人—机—人关系，讨论人机关系必须把生产力范畴和生产关系范畴紧密结合起来，必须把技术问题与社会问题紧密结合起来。

就目前主流声音而言，西方学者对于智能机器时代人机关系的分析与预测除了少数持价值中立原则，大部分呈现出"乐观"和"悲观"两种倾向。乐观派认为，当前的人工智能只是一种弱人工智能，主要作为人的"头脑眼手"的外部机械助力角色出现，并不

---

① P. P. Verbeek, "Cyborg Intentionality: Rethinking the Phenomenology of Human-technology Relations", *Phenomenology and the Cognitive Sciences*, Vol. 3, 2008, pp. 387-395.

② 《马克思恩格斯选集》第1卷，人民出版社2012年版，第405页。

构成威胁。比如马克·艾略特·扎克伯格（Mark Elliot Zuckerberg）认为，人工智能可以让世界变得更好，那些忧虑人工智能会统治甚至灭绝人类的言论太过消极和杞人忧天，甚至是不负责任的。中国学者赵渊认为，人对工具的驾驭和使用构成了人机关系的基本运动图谱。工具作为人主体性思维的产物，它的介入，深刻改变了人类的劳动形式、劳动边界及效能，实现了人主体性功能的延伸与扩张。[①]

与此同时，人工智能威胁论、技术悲观论更是此起彼伏，以史蒂芬·威廉·霍金（Stephen William Hawking）、伊隆·里夫·马斯克（Elon Reeve Musk）、比尔·盖茨（Bill Gates）等科技意见领袖为代表的智能机器"悲观者"则认为，最新的技术发展，包括人工智能和基因编辑，已经预示了技术的危险正在逼近临界点，即正在逼近否定文明的意义甚至是自取灭亡的极限。包括尼克·波斯特罗姆在著作《超级智能》中详尽阐述了智能大爆发后的灾难性后果。另一些人则预测了智能时代人—机—人关系的悲观前景：一部分主体利用智能机器控制另一部分主体的可能性远大于工具反控主体的可能性，主体间性异化的可能性大于工具异化的可能性。例如尤瓦尔·诺亚·赫拉利（Yuval Noah Harari）在《未来简史：从智人到神人》中提出的主题：极少数精英利用智能技术与生物技术的结合控制大多数人，被剥削者变成无用人，人类分化为两个物种（智人分化为智物与智神）：

> 如果科学发现和科技发展将人类分为两类，一类是绝大多数无用的普通人，另一类是一小部分经过升级的超人类，又或者各种事情的决定权已经完全从人类手中转移到具备高度智能的算法，在这两种情况下，自由主义都将崩溃。

[①] 赵渊：《人机关系与信息传播变革》，《现代传播（中国传媒大学学报）》2019年第6期。

德国社会批判理论家哈特穆特·罗萨（Hartmut Rosa）则提出了"加速社会"概念，认为科技的加速会造成时间、空间、物界、行动、自我乃至社会的全面异化。卢卡奇（György Lukács）、列斐伏尔（Henri Lefebvre）、弗洛姆（Erich Fromm）等结合现代资本主义社会科技的发展、机器的使用，对智能机器人的大量出现也进行过深刻的阐释和尖锐的批判，认为智能技术与资本的联姻不仅加剧了数字鸿沟、贫富差距和社会分化，还加剧了社会的不平等，甚至可能造成一种新的生命权的不平等。曼纽尔·卡斯特（Manuel Castlls）将这种日益严重的"技术性失业"和"社会排斥"，形象地称为"信息资本主义的黑洞"。

中国学者常晋芳认为，"智能机器突破奇点，脱离人的控制，超越工具范畴，发展出自主性，产生类主体性或拟主体性甚至超主体性"[①]。如果智能机器能够具有类似于人类的情感、欲望和价值观，人类与智能机器之间的冲突矛盾将被无限放大或增强。因此人类若要保障自身的主体地位不受威胁，就应当确保在发展智能技术的同时，使其远离人性的权力意志。孙伟平更是直言不讳，人工智能会实质性地加剧人的物化和异化。作为整个社会的基本技术支撑，智能科技构成了对人公开的或隐蔽的宰制，人正在沦为高速运转的智能社会系统的"附庸"和"奴隶"。[②]

（四）伦理学研究取向

关于人机关系探讨的伦理学取向也许和社会学的一些研究有交集，但因为近年来，针对机器人伦理方面的研究非常多，且争议巨大，所以还是有必要单独列一个部分来分析与说明。由帕特里克·林（Patrick Lin）等主编的《机器人伦理学》一书，较为全面地介绍了机器人伦理的发展，以探讨机器人能否成为道德主体的核心，向我们呈现了与机器人技术密切相关的宗教、军事、法律、心理、

---

① 常晋芳：《智能时代的人—机—人关系——基于马克思主义哲学的思考》，《东南学术》2019年第2期。

② 孙伟平：《人工智能与人的"新异化"》，《中国社会科学》2020年第12期。

医护、权利六大问题，包括在"人机情感交互"的过程中，机器人作为性伴侣、照护者、仆人角色所应当遵循的道德规范以及所应承担的道德责任。在该书结语部分，明确提出了"机器人伦理学"（作为应用伦理学的新学科）的论断。在智能机器出现并广泛应用的过程中，人们对人工智能体作为道德主体的态度主要分为两种：一种认为人工智能体作为道德主体的作用是巨大甚至是不可或缺的；另一种则认为人工智能体作为道德主体加剧了他们的不适感：一方面越来越精致和复杂的技术会带来诱惑，另一方面也担心智能体机器的设计会不受人们的控制甚至取代人类。早前，意大利EURON（欧润）机器人伦理工作室也提出，在人类社会中植入机器人会出现的伦理风险主要体现在以下三个方面：首先是取代问题，如机器人取代人类导致的经济问题、失业问题、可信赖性问题等；其次是机器人引入社会带来的心理问题，如恐惧、焦虑、情感依赖、情感扭曲、混淆现实与人为虚构等；最后就是被机器控制的问题，包括被奴役、异化、工具化、道德误判等问题。①

亚历克西斯·M.埃尔德在其专著《友谊、机器人和社交媒体：虚假的朋友和第二个自我》（*Friendship, Robots, and Social Media: False Friends and Second Selves*）中专门探讨了社交机器人能否与人建立友谊以及相关的伦理问题。作者认为，社交机器人带来了人类显著的工具性好处，但我们也无法从更丰富的意义上证明它们满足了我们的社会需求，比如友谊。社会心理学家特克尔则在《群体性孤独》一书中，考察了人机伦理关系的发展历程。作者认为，当机器人变得越来越复杂精密，我们与它们关系的密切程度也在升温，人们对机器人的伦理要求也伴随这一升温过程而不断提高。"我们梦想着社交机器人，尽管彼此连接，却依然孤独。想拥有机器人伴侣既是

---

① G. Veruggio, "The EURON Roboethics Roadmap", IEEE-RAS International Conference on Humanoid Robots, Genoa, Italy, No. 4, 2006, p. 617.

病症，也是梦想。"①

　　人工智能或机器人技术的某些应用之所以极易引发各种伦理问题，这跟机器人道德设计上的技术困难、机器人主体地位问题的争议，以及相关法律规定的不明确等有关。有人建议应该赋予机器人道德地位，但多数观点认为当前的人工智能还不具备自主性和意向性，不能作为独立的道德主体承担法律道德责任。例如勒鲁（Christophe Leroux）等建议，机器人既不是人也不是动物，不应具有人类的法律地位，但可以将一些自主机器确定为具有特定权利和义务的"电子人"身份，而这一专门设立的法律类别可命名为"电子人格"。认知科学家史蒂夫·托伦斯（Steve Torrance）的文章《人工智能中的伦理与意识》（"Ethics and Consciousness in Artificial Agents"）是一篇关于机器人意识与机器人伦理和权利之间关系的里程碑式文献，他在文中阐释了"有机观点"的概念：

　　　　道德主要是有机人类的一个领域，也可能是其他非人类有机物的一个领域，因此人格可以被有效地赋予。意识或知觉是道德地位的根源……但有机观点本身当然可能是错误的：例如，它可能依赖于对人与机器之间的内在道德关系的不完整或扭曲的看法，也可能是它严重低估了一个系统的复杂性所产生的丰富的道德互动、责任等层面。②

　　托伦斯认为，我们对另一个人的道德态度受到我们对该人意识强烈程度的影响。如果我们认为这个人没有能力有意识地感到痛苦，那么我们就不太可能像对处于巨大痛苦中的人那样感到道德上的担忧。也有学者提出用道义论来规避机器人的伦理风险。在道义

---

① ［美］雪莉·特克尔：《群体性孤独》，周逵、刘菁荆译，浙江人民出版社2014年版，第302页。
② S. Torrance, "Ethics and Consciousness in Artificial Agents", *AI & Society*, Vol. 22, No. 4, 2008, pp. 495-521.

论者看来，原则上讲可以创造符合伦理的机器人，并确保它能符合任何（可编程的）伦理标准。比如瓦拉赫（Wendell Wallach）的论题"机器人的思维与人类伦理学：对全面道德决策模型的需求"就是从设计层面探讨，在具备认知、情感和社交机制的机器行动体上嵌入人工道德使之具有机器伦理的可能。而道义论者的代表人物是艾萨克·阿西莫夫（Isaac Asimov），他提出了著名的机器人三大规则：

第一，机器人不得伤害人类个体，也不得见人受到伤害而袖手旁观。

第二，机器人必须服从人类的一切命令，但不得违反第一定律。

第三，机器人个体必须保护自身安全，但不得违反第一、第二定律。[1]

然而，这三个简单且具有层级关系的规则在实际的应用中总会产生悖论。比如当机器人收到来自两个相互矛盾的命令时，或当机器人在保护一个人的时候可能会对其他人造成伤害时，悖论就会发生。

道义论属于一种自上而下的设计理论，有助于把人类的实践智慧、意识能力、情感认识等统一到人工智能体的设计中去，以便协调机器在行动过程中所面临的问题，但自上而下的设计理论也有其缺陷和问题，它具有严格的规则编程限制，一旦超出规则遇到突发情况就很难应对。于是，另一种自下而上的设计理论应运而生。自下而上的方法包括允许机器人独立于人类学习道德，这样做的一个优点是，大部分工作是由机器本身完成的，避免了机器人受到设计师偏见的影响，然而，缺点是机器可能表现出偏离预期目标的行为。自下而上的方法在整个人工智能体道德主体设计过程中使得标准和技术有望整合，但这个过程是很艰巨的。因为在计算机系统发展的环境中，进化和学习充满了试验和错误，人工智能体能够在几

---

[1] A. Asimov, *Runaround*, *Reprinted in I Robot*, London: Grafton Books, 1968, pp.33-51.

秒内变异和复制许多代，从错误或教训中学习有可能会走向更为恶的结果。

整体而言，无论自上而下的研究进路还是自下而上的研究进路，都各有利弊，集中两种进路的优势或者说一种折中的建议被提出。塔迪奥（Mariarosaria Taddeo）与弗洛里迪（Luciano Floridi）强调用"分布式代理"的方法来落实机器人的行为责任。由于人工智能的行动或决策是在人类和机器人之间的长而复杂的交互链之后产生的——从开发者和设计师到制造商、供应商和用户，每个人都有不同的动机、背景和知识，那么人工智能的结果可以说是分布式代理的结果。分布式代理带来了分布式责任。确保人工智能在社会中"防恶扶善"的一种方法可能是实施分布式责任的道德框架，让所有代理对其在人工智能的结果和行动中的作用负责。

通过整理以上关于人机关系的不同研究取向容易发现，当前，人机关系大致经历了"和谐—错位—冲突"的演变过程。其研究进路总体上也呈现两种倾向：一种研究路径从本体论维度出发，认为尽管人工智能技术突飞猛进，但人的主体地位仍然具有不可替代性；另一种是强调从"主奴"关系到主体间性对话的可能。围绕这两种倾向的探讨，既丰富多元又各有侧重，但也存在一些不足，亟待进一步拓展和深化，主要表现为以下四点：第一，大部分观点仍然局限于主客体关系和工具性思维，把人看作一个同质的整体或把智能机器看作一个同质的整体来讨论二者关系；第二，多数论争仍然把人工智能问题局限在科技领域，缺乏有深度的人文思考，往往把复杂问题简单化、理想化，把社会问题纯技术化；第三，更多地从人本主义角度关注智能的人化、智能机器对人的威胁，对于人机关系探讨也限定在二者是对抗或协作的关系上，较少跳出二元论；第四，研究的对象主要停留在弱人工智能层面，对于人与社交机器人等强人工智能的关系探讨，真正能从理论层面打开议题或深入分析的不多，且从宏观层面来看，有关这类专著和论文的局限性仍很明显，人文学者的科技知识显得捉襟见肘，而科技专家的人文、法律和哲学的底蕴不够。

　　本书所要探讨的社交机器人携带了人类的意图与智能属性，这对人的思维本质、人作为世界上唯一的智慧生命、享有的唯一的主体地位造成了冲击的观念构成了实质性的挑战。当前对于强人工智能带来的新型人机关系与社会秩序重构问题论证还很苍白，而后人类语境赋予我们超越二元对立模式来谈论人机关系的可能性。所以本书从后人类主义视角就人与社交机器人的关系演进进行了重新梳理，希望一定程度上能够打破传统的人机关系研究桎梏，找到一种新的认知视角。

第三章 研究方法及内容安排

第一节 研究方法

本书将采取当代著名中国哲学研究专家信广来（Kwong-Loi Shun）所提出的，兼含文献学（philology）及哲学（philosophy）之研究进路，以"文本解读""接合"至"哲学建构"三层次（threefold）为研究方法。该研究方法提出从忠实地解读原典，到解决当代哲学问题还需要一个过渡阶段，那就是在理解原典作者所处的语境基础之上，还要结合我们现实经验中的相似之处去理解他们所说的话。所以他在《儒家伦理与比较伦理研究：方法论思考》一文中，清楚地说明了此研究方法论的"三层次"说。

第一层次是"文本解读"（textual analysis），即结合语言、文本和历史考察等证据，忠实地贴近、分析原典，其中涉及之方法，可包含语义学（semantics）、句法学（syntax）、语用学（pragmatics）式的分析，或对关键字词之内涵（connotations）作研究，以此来还原思想家的视角及其所处的思想背景。

第二层次是"接合"（articulation），介于前后两者之间的桥梁，亦即带着现当代的或我们自身的哲学关怀与经验，并以不远离原典文字之记录，去阅读、理解原典。此一学术活动，可说是研究者在原典与当代或自身哲学关怀间不断往返的想象性互动。它是双向的，既针对文本和来自过去的潜在见解，也针对我们自己和我们自己当前的关注与经验。比如有些"圣人"或"先哲"的某些见解并不明确，它隐藏或内嵌在经典记载的思想背后，阅读经典最重要的任务是借助于个人经验或自身关怀去超越文本内容本身，进而探寻到这些思想的洞见。

第三层次是"哲学建构"（philosophical construction），即把文本内包含的观念结合当下的关切和生活经验进行哲学反思，将经典中的洞见活用到当下，并与当代哲学研究相融合。这种哲学重构的评估标准不再是文本依据的强弱，而是哲学思考的深度。

本书对于此研究方法之运用，具体说明如下。

第一，本书之研究文本对象分为两个部分。其一，后人类学领域哈拉维及拉图尔提出的两个代表性概念：赛博格隐喻以及行动者网络理论。此处并非研究两位学者的经典原著，亦非此二人理论的比较，而是把赛博格隐喻以及行动者网络理论作为本书文献材料之来源，对其进行解读。就此而言，本书对两个经典理论之运用，可归纳为此一研究方法之结合：怀着吾人之哲学关怀，去理解、阅读原典，既不曲解原典之意，亦将试图发掘文本可提供之哲学思考。其二，本书的其中一个章节选取一部讲述人机恋爱的科幻电影《她》为个案，对其叙事结构进行文本分析，并以此来探讨影片叙事背后所蕴含的对于人机亲密关系的认知导向及技术焦虑。

第二，在阅读、理解本书所引用之哈拉维与拉图尔的文献时，乃以充分理解原典之意为原则。于理解原典之际，本书所处理之层面，包含了其理论本身的内涵、隐喻乃至文章脉络所欲传达之意；简言之，为原典文句之意，并以原典之脉络为主要考量，以尽可能地贴近文本内涵。这里将借助赛博格隐喻理论，探讨人机主体边界的消逝。而对于电影文本的文化阐释，不能仅仅停留在视听语言的直观感受，这需要结合当前复杂的社会和文化语境，在其彼此间相互作用的关系图谱中挖掘电影叙事之外的第二重文本。基于此，本书会在梳理电影的叙事发展及叙事逻辑过程中，以理性的眼光读取创作者的艺术动机和艺术构思，进而探寻其背后潜藏的价值尺度。

第三，本书提供一个"关系场域"的概念架构与体系，来描述人与社交机器人的关系，其中包含了社会、文化、伦理、美学等因素的交织缠绕。此架构与体系乃参酌安德鲁·芬伯格（Andrew Feenberg）的传播技术媒介观之洞见，以及前文提到的拉图尔的行动者网络理论等他人之学术关怀而成，但与两人的理论有所区别。再者，本书之主题与体系，可说来自笔者对于当前社会人工智能高速发展、人与社交机器人建立起各种亲密关系，而机器人对于人而言到底意味着什么等现象之关怀，在检视、思考人机关系之际，觅得超越以人为中心的新人机关系认知视角。因而，就本书之安排架构、体系而言，可归类为此一研究方法之哲学建构。

总而言之，本书旨在清晰、明确地陈述论题，并为本论题建构系统性的论述，是以不刻意局限于某一研究方法，毋宁将依论述各阶段之所需，灵活运用此三层次之研究方法。

第二节　内容安排

第一章"绪论"：旨在说明本书之研究动机、研究目的、研究问题、研究架构、研究方法等。

第二章"概念解释与文献探讨"：首先说明社交机器人的概念、类型及研究现状，然后梳理后人类主义的发展谱系与议题聚焦，最后对当前人机关系的研究进行综合概述。

第三章"研究方法及内容安排"：重在将信广来提出的"文本解读""接合"至"哲学建构"三层次研究方法贯穿于本书研究过程中，并进行合理设计。

第四章探讨后人类主义重点关切的主体性问题，亦即人机边界从分明到模糊直至消逝的问题。

第五章具体讨论人与社交机器人建立亲密关系的现实与潜力，比如与人类建立友谊乃至爱情，为后文的人机关系本质思考设定基础。

  第六章在行动者网络理论的基础上，反思人与社交机器人的关系本质。

  第七章结合现实背景，探讨以 ChatGPT 为代表的智能机器人"涌现"下人与社交机器人的关系进化。

  第八章就人机亲密关系产生的伦理问题进行讨论并提出应对之策。

  第九章为结论与讨论：总结本书之要点。

第四章 关系流动：人与社交机器人的主体边界之争

赛博空间。每天都在共同感受这个幻觉空间的合法操作者遍及全球，包括正在学习数学概念的儿童……它是人类系统全部计算机数据抽象集合之后产生的图形表现，有着人类无法想象的复杂度。它是排列在无限思维空间中的光线，是密集丛生的数据。——他按下开关，瞬间切换到网络空间。他穿过纽约公共图书馆原始的冰墙，不由自主地点数这里的漏洞。随后又切换回到他的感觉中枢，回到肌肉的摇曳之中，回到清晰而明亮的感受之中。

——威廉·吉布森（William Ford Gibson）[1]

这段描述出自20世纪的一部科幻小说，给人类贡献了"赛博空间"这个新词的"赛博朋克"圣经——《神经漫游者》。《神经漫游者》中描述的赛博世界是后技术时代人类社会全景图，小说塑造的赛博格形象以及赛博空间是对后人类形态及其生存处境的预设，但其实大部分情形如今已经或即将成为大众的日常生活。比如社交机器人在当前已不再是被关在实验室里的稀有物种，国际机器人联合会（International Federation of Robotics，IFR）2021年10月底发布的报告显示，2021年全球工厂中有300万台工业机器人在运行，较2020年增长了10%。亚洲仍是全球最大的工业机器人市场，

---

[1] [美]威廉·吉布森：《神经漫游者》，Denovo译，江苏凤凰文艺出版社2013年版，第62、67页。

其中中国市场的需求猛增，弥补了其他市场的萎缩。世界人口的快速老龄化是服务机器人行业崛起的主要驱动力，在人工智能技术进步的持续推动下，社交机器人可以用"情感"回应我们，那它是否能够成为我们的"同伴"？本章重点从后人类主义视域去探讨人与社交机器人的关系演进，那么势必要先反思人与机器的主体边界问题。

第一节　工具？"同伴"？社交机器人的主体地位问题

直接影响人与社交机器人的关系分类的不是"社交机器人"能否实现的问题，而是"社交机器人"的主体地位问题。人类必须重新认识社交机器人，并以此为基础重新反思和建构人与社交机器人的关系。主体概念在不同的学科中有不同的理解。譬如，在哲学上，主体是指能认识客体、有实践能力的人；在系统论中，主体是指构成系统的主要组成部分；在民法学中，主体是指既享有权利又负担义务的公民或法人。本章主要基于哲学视角讨论主体概念，但在主流哲学的概念中，主体主要局限于人，不包括人以外的物体。主体是目的，工具是实现主体目的的手段，而机器人就是实现人类主体行为的工具，人与机器人之间存在不可逾越的鸿沟。因为按照基于中国文化背景的机体哲学的研究思路，人与机器有着本质的区别。人是"生命机体""社会机体""精神机体"耦合作用的结果（人类同时具有生理特征、社会特征和精神特征），而机器是体现了机体特性的"人工机体"。人与机器在质料上有着明显的区别，人是完全由生命物质（蛋白质、脂肪、核酸等）按照高度精细的结构组合而成的，而机器是由不同性质的人工材料结合而成的。

一　工具论：人机边界鸿沟

海德格尔在《技术的追问》一书中写到，当我们问技术是什的时候，有人说技术是达到目的的手段，有人说技术是人类的活动。技术本身是一种发明，或者用拉丁语来说，是一种工具，① 这是一种流行的技术工具论的观点。然而，海德格尔也暗示，虽然它正确，但没有击中技术的本质。通过"座架"这一概念，海德格尔发展出技术本体论这一新的话语场。在他看来，人在被抛入技术物的场域的同时，技术物使其反思到自身存在。由于主体所置身的乃是由技术预先设定的"第二自然"这一存在情境，作为"座架"的技术就不仅仅是主体与客体的媒介，而是内在于此在（Dasein）之中且作为此在解蔽的方式，作为去蔽方式的"座架"及技术展现是技术的本质。换言之，技术代表了外部世界（对此，存在作为世界中的存在是开放的）与主体本身之间的对话，在一种执行的和约束的关系中。在这种特定的情况下，技术似乎能够制造人类，修改和混合其身体与外部世界的感知。

技术工具论的观点通常受到主客二分的传统理论影响，这种理论影响下的现代社会出现了多重二元对立组合，比如心理和身体、自我和他人、理性和感性、控制和被控制、主人和奴隶、人类和机器、创造者和被创造者等。人类更多关注前者而忽视后者，强调智力的主动性而忽视身体的主动性。人们普遍认为，只有活着的人才能成为社会的合法成员，他们被认为应该获得这种地位，仅仅是因为他们是人类。相比之下，对于非人类而言，目前存在着无法以公认的方式跨越的边界。比如，人是生物有机体，具有生物结构和特征，而机器是技术人工物，具有物理结构和性能。虽然二者之间相互影响、相互依存，但仍存在难以逾越的鸿沟：机器不被接受为法定权利和义务的主体，计算机被排除在负责任的参与者之外，尽管少数人偶尔会将其特征拟人化，并赋予它们比实际具有的更大的代理权。

---

① M. Heidegger, *Issue Concerning Technology and Other Essays*, trans. Willian Lovitt, New York and London: Garland Publishing, 1977, p. 4.

格萨·林德曼（Gesa Lindemann）在研究人类/非人类区别与社会分化之间的关联性时，提出了"社会边界制度"的概念。他认为，社会的根本结构可以根据成员领域的界定不同而采取不同的形式。根据林德曼的说法，现代社会建立在四元划分的过程，而人类正是通过这个四元划分与其他事物区分开来，其一是人类生命的开端和结束这两个边界，其二是人类/机器/或人类/动物这两个边界。前两个边界是人可以跨越的，而后两个边界基本是无法跨越的。林德曼的"人类学四边形"的四元分化，是我们成为社会领域成员的可能性条件。因此，生物学意义的活人被看作现代性的核心制度。根据这类立场，那些把心灵状态归属给机器人并和它们主动交往的人们的态度，与"机器人没有心灵、感受能力和利益诉求，所以是纯粹的机器"的想法之间，似乎存在一个不可逾越的解释鸿沟。也就是说，一旦谈到机器人和它们的主体地位，就有一个鸿沟存在于人和机器人交往时的亲身经验与关于它们的理性和推理之间、思维和行动之间、信念和感受之间。

在人类发展文明史上，机器是人的发明，人机关系一直是确定的，人一直占据着无可争议的主导、主宰地位，然而随着外形与人类相似并像人类一样执行活动的社交机器人的发展，人和机器之间的关系出现了新的变化。一方面，科学家不断研发新的智能机器以模拟人的表现、行为、情绪等，并试图仿照人类特有的知觉来进行与环境的交互。另一方面，人们利用先进技术不断对自身的生物结构进行补偿或者改良，接受机器作为一种手段，或者成为精神上不可或缺的物件，或者植入体内成为身体的一部分。机器人逐渐拥有以往专属于人的智能和自主性，让传统的人机主体边界变得不再泾渭分明。人们普遍预计，在老龄化社会中，机器人将越来越多地作为可以独立操作的服务提供者用于日常生活中，它们中的一些具有类人特征并模拟情感表达或人与人之间交流的其他方面，以促进与外行用户的顺畅交互。有学者提出社交机器人已不再是单纯的工具，而应当被视为一种具有参与性的社会智能体（social agent）。①

二 "同伴"论：异质主体边界之争

社交机器人被开发成独立的实体，不仅模拟人类的外表和行为，还在复制人们的器官、知觉、情绪、意识及推理，最终做出类人的行为，既能排挤、控制和取代人类，又能扩展、增强和完善人类。公众对机器人的认知发生了改变，从进化论的视角来看，人类正演变为后人类，因此人与机器这种异质性主体之间的互动则形成了新的社会文化逻辑——后人类文化。在这种背景下，弗罗里迪（Luciano Floridi）和桑德斯（Walter J. Sanders）提议将复杂的人工智能系统纳入道德主体的范围，同时将能动性和问责性从责任的概念中剥离开来。他们认为，人工智能应被视为可问责的道德行动者，但并不承担责任。欧盟也已经在讨论是否应该赋予"电子人"特殊法律地位，这表明人机共存已经成为一种新的生活方式，甚至在重新定义人类的生存方式。

让—弗朗索瓦·利奥塔（Lyotard）曾经谈到 AI 的无身躯或者说"无人体思维"，认为思维与人体不可分离，因为思维的软件不能离开人体的硬件。从本体论角度看，人的意识、精神和生命力是 AI 感官所不具备的。AI 感官的"机器肉身"远不能达及人类大脑的能力，无论怎样的算法和神经网络的自主学习能力，目前都还难以运算"超感官"的人类思维、情感、意识和文化。与人类相比，AI 感官谈不上有"智能"，甚至谈不上是"感官"。② 但是，AI 感官却依赖其"科技"的权力，逐步操纵着人类感官，它将脱离知觉的感官放大，让 AI 感官成了主体，从而本末倒置。

当今的"情感计算"技术赋予了社交机器人情感劳动能力，使

---

① O. H. Chi et al., "Developing a Formative Scale to Measure Consumers' Trust toward Interaction with Artificially Intelligent (AI) Social Robots in Service Delivery", *Computers in Human Behavior*, Vol. 118, No. 3, 2021, p. 118.

② ［法］让—弗朗索瓦·利奥塔：《非人——时间漫谈》，罗国祥译，商务印书馆 2000 年版，第 14—16 页。

其突破了过去媒介的工具属性，延伸了人的"主体意识"，有了和人类平等的传播主体地位。孙玮认为，社交机器人等智媒体的发展，参与到和人的主体之间的交流之中，并朝着成为具有独立的人格特征"主体"的方向演变，因而产生了人类社会将转变为由人、半机器人和机器人组成的"三元结构"社会，产生人与人的相处模式转变、情感倾向的扭转、人之为人意志能力的削弱和对程序病毒的恐慌等新问题，技术与人的融合创造出的新型主体，正在成为一个终极的媒介。[①] 目前AI可以通过三种基本形式模拟人类智能：一是符号主义，二是联结主义，三是行为主义。AI可以从形式上模拟人类智能，这意味着AI可以在形式上一定程度地表现出思维能力。由于可以从形式上模拟人类智能，因而AI具有形式上成为主体的可能性。

我们在迎接和拥抱人工智能时代来临的时候，也应当清醒地认识到社交机器人作为人类的创造物，具有很强的颠覆性。其不仅会颠覆人工智能与其他人类创造物的边界，也会颠覆人工智能与人的边界，造成一种边界的流动性。布拉伊多蒂为后人类主体找到的概念便是"游牧"（nomad）。她提出后人类主体是游牧主体，一方面没有先天的、固有的内涵和本质，另一方面与非人类动物、植物、无机物等形成关系并向其生成。这一概念借自德勒兹，"游牧"在具象上指"游牧民"，如哥特人既不属于其东方的帝国，也不属于其北方的日耳曼和凯尔特移民；既不能演变成他们遭遇的帝国，又不能演变成他们开创的移民。因此不能简单地将他们归于这一类或那一类，不能将他们化约为某种结果，游牧民始终处于"之间"的位置，并在间隙中不断移动。"游牧"在抽象上指一种游牧思想，核心就是让自己始终处于"之间"的位置。

"普遍生命力"主体话语是布拉伊多蒂在游牧主体理路下建构

[①] 孙玮：《交流者的身体：传播与在场——意识主体、身体—主体、智能主体的演变》，《国际新闻界》2018年第12期。

起来的另一代表性后人类主体话语形态。这一后人类主体话语的哲学基础被称为"活力唯物论",源自斯宾诺莎(Baruch de Spinoza)的"一元论"宇宙观。针对笛卡尔的"身心二元论",斯宾诺莎提出,世界和人类并不处于内外有别的二元对立关系中,它们被物质贯通,是物质一元论的。德勒兹、瓜塔里(Pierre-Félix Guattari)等法国哲学家重拾斯宾诺莎的物质一元论,并赋予物质以"活力"和"自我管理"两项重要内涵,进而形成了"活力唯物论"。所谓"活力唯物论",除了强调物质一元性、物质在结构上的关系性及其与多样环境的关联性,更强调物质本身具有生命活力,具有创生性、生成性和游牧性。于是"一个被扩展的关系型自我"形成了,一种可以把人类和非人类贯通一起的"普遍生命力"出现了:

> 在此视域中,生命被当作一个互相作用的、开放性的过程。这个生命物质的活力论方法磨灭了生命部分——有机的话语的——传统上为人类纪保留的,即"特殊生命力"和更宽泛意义上的动物和非人类生命部分,也叫作"普遍生命力"之间的界限。[1]

布拉伊多蒂的后人类主体理论可被视为一种哲学后人类主义,始于对经典人文主义和人类中心主义的批判,既消除启蒙运动所塑造并延续至今的理性主体,又消除人类至上和物种例外的中心观念。

如果说过去的主体性是凌驾于"生物—物理系统"的肉身之上的存在,那么在后人类主义哲学看来,既然人的经验在场已经随着边界的虚拟而模糊,人类主体也将不再成为肉身的主体,而可以是

---

[1] [意]罗西·布拉伊多蒂:《后人类》,宋根成译,河南大学出版社2016年版,第87页。

任何基质之上的主体。新的智能主体不仅像之前人类主体那样具备自我知识和表征力,而且它的存在方式超脱了生物基质和物理基底,它可以成为兼具生物与物理的人机融合混合体,也可以摆脱物理基底,成为赛博空间中的经验漫游者。正如凯瑟琳·海勒所说,智能实现的边界与内稳态不再是皮肤,而是生物技术的整合回路。这就改写了过去人文主义哲学中将人类视作经验中心的观点,而是将经验的主体视作正在体验着的汇集者(experiencing-collector)。

拉图尔的行动者网络理论就是人类和人工智能的边界接壤甚至实现异质融合的一种证明。该理论拒绝了社会仅仅通过人类行为和意义构建的假设。相反,它认为社会生活是由行动者创造的,这里的"行动者"可以指人,也可以指非人的存在和力量。但仍有不少学者就社交机器人能否真的成为人类同伴并拥有主体地位提出质疑,认为社交机器人如果缺乏由肉身的有限性所导致的生老病死与喜怒哀乐等情感经验,则人机聊天所需的"意义"共享便无从产生。这就意味着,即使社交机器人表现出情感陪护的功能,那也仅仅是一种障眼法而已,它对这种关系以及所说的话语完全没有任何人类学意义上的理解。中国学者王颖吉甚至呼吁,为了预防人机伦理纠葛及陷阱,需要让机器重返工具属性与任务导向。无疑,探讨社交机器人能否与人达成伙伴关系,就必须还要审视社交机器人作为"社交对象"的可能性,包括它们在日常生活互动中是否有理解人类行为的潜力。这就需要考虑许多条件,例如某种程度的互动和交流能力、一定的认知和模仿行为,机器人还需要有机会在日常的人类、社会环境(而不是实验室或计算机模拟)中锻炼这些能力。接下来将分析"移情"在这种人机交互的关系建立过程中所承担的作用,它是成为同伴的必要(但不充分)条件,进一步说,社交机器人成为"同伴"取决于机器人作为人类移情接受者的能力。

第二节 模拟与移情：人机主体边界的交融

如果把人看作"生命机体""社会机体""精神机体"耦合的存在物，而机器是一种特殊类型的"机体"即"人工机体"的话，那么作为"人工机体"的机器正在被"生命机体"渗透。这表现为将人的部分生理结构和功能赋予不同类型的机器，使这些机器可以分别完成不同类型的工作。比如在医疗领域，护理机器人（care robot）可以提醒病人按时吃药，还可以成为照顾老年人生活、缓解老年人压力的重要手段。"精神机体"对作为"人工机体"的机器的渗透也比较明显，比如让机器人表现出类似于人类思维活动的机体特征。甚至有时候，"生命机体""社会机体""精神机体"的特征是同时渗透到作为"人工机体"的机器之中的，比如"人形机器人"（humanoid robot）。"人形机器人"指的是在外形方面与真正的人类非常相似，几乎看不出差别，而且在功能方面也全面而整体地模仿人类的语言、动作、感觉等功能。例如，中国科学技术大学研发的首个人形机器人"佳佳"，除了拥有精致的五官和良好的功能性之外，还赋予其善良、勤恳、智慧的品格，这使得人与机器之间的边界相互交融从而出现了模糊地带。

将情感引入机器人是赋予积极意义、创建更强联系、形成理想关系以及启动有效互动以增强人机交互的一种重要方式，在人机互动中，同理心将驱使人们把人的特性投射、转移到机器上，并将人际交往的经验转移到人机交往过程中，与社交机器人构建情感信任关系。布尤（Catalin Buiu）以及波佩斯库（Nirvana Popescu）认为，与具有潜在社交能力（如表达情感）的机器人进行互动会更加自然和容易，可见，情感在增强人类与机器人之间的沟通以及相互理解方面起着至关重要的作用。如果社交机器人要成为我们的伙伴，那么必须让它满足能参与人类互动，并被人类接纳的条件，这种条件之一便是移情。

一 "人工移情"概念的提出

在社会心理学中,对于移情的看法并没有完全达成一致,有时候甚至跟情感传染、模仿、同情或同感等概念重叠。在《论移情问题》的前言部分,现象心理学家 E. 施泰因将移情定义为"对陌生主体及其体验行为的经验",[1] 移情作为一种特殊的感知行为,可以让我们理解外来心理体验,我们自己的人格是在原始的精神行为中显现出来的,而其他人或外来个体的人格则是通过移情体验的行为而显现出来的。认识自己和他人人格的可能性是通过移情来保证的,移情不仅被认为是一种身体上的精神活动,还被认为是一种精神行为。移情是一个观察者在情感上做出的反应,因为我们觉察到另一个人正在经历或即将经历一种情感。移情不仅仅是一种交流,还是一种模拟的透视:通过镜像神经元的启动,预期地归因以及解码他人行为的能力。尽管移情并不一定意味着我们复制他人的精神状态,但移情者和目标处于相同或至少相似的情感状态。

虽然哲学领域已经有很多关于人类对真实人物或虚构人物移情的文章,却忽视了移情在人机交互中的作用。直到最近几年,随着能够表达情绪的社交机器人的不断出现,以及人工智能情绪的研究越来越多,人们对不同形式的"人机共情"的可能性和必要性产生了浓厚的哲学兴趣。一些研究者甚至希望把人类共情机制嵌入机器人系统,从而催生出"人工移情"(Artificial Empathy)这一概念,该概念被浅田稔(Minoru Asada)及保罗·杜穆切尔等正式提出,用来指那些社交能力建立在激发人类情感反应能力基础上的机器人的行为。人工移情旨在将与人类相似的共情机制嵌入机器运行的系统之中,主客体之间产生同感或者一致感(oneness)的能力。[2] 在《与机器人共存》(*Living with Robots*)一书中,杜穆切尔讲述了机器

---

[1] 张浩军:《施泰因论移情的本质》,《世界哲学》2013年第2期。
[2] M. Asada, "Development of Artificial Empathy", *Neuro-Science Research*, Vol. 90, 2015, pp. 41–50.

人学领域从人工智能到"人工移情"的一个基本转变,预示着人类进化的拐点,也带出当前最具探索性的一个问题:同理心作为人类"特权"受到挑战。换言之,当机器人制造专家将人工移情编程到机器人身体中,那种传统的关于人类情感是离散的、私人的、内在的看法正在改变。中国学者颜志强等把"Artificial Empathy"翻译成"智能体共情",并以此为主题结合人工智能领域的最新研究,对现有与智能体共情有关的理论模型做了系统阐述和实证研究。[①] 不管是人工移情还是"智能体共情",这方面的研究在中国尚处于萌芽阶段。

"人工移情"一定程度上挑战了我们对于移情概念描述的极限,如果将移情能力扩展到非人类,到底是构成了一种道德伦理上的"改进",还是导致移情概念的毁灭?换言之,如果这是摆在"我们"面前的"选择",我们是否关心移情和它的未来?大量反对意见认为,机器人并没有真正的感觉或体验任何东西,它们也没有真正的精神状态,如欲望或信仰,它们是通过编码、设计和叙述来创建的,并且在与人、环境的交互中被"调整",也就没有能动意识。既然同理心是针对某人精神状态"存在于这个世界"的,自然我们无法对机器人产生同理心。米塞尔霍恩(Catrin Miserhorn)早前特别指出,人们在与社交机器人这样的人造物交往的时候并没有真的感知到情绪表达,因为这些人造物根本感受不到情绪,也因此不能真的表达情绪。所以她断定,人类对机器人产生共情的过程必然涉及想象力的作用,这种现象被她称作"情绪的想象性知觉"。这种想象就好比儿童期普遍存在的假想同伴现象一样,我们都不会忘记,儿童的生活中拥有一个看不见的角色,儿童会为它取名字,在与他人交谈时提到它,或者直接和它一起玩耍。这个角色对于儿童来说具有真实感,但它显然不是一种客观存在。换言之,孩子通过

---

① 颜志强、苏金龙、苏彦捷:《从人类共情走向智能体共情》,《心理科学》2019年第2期。

幻想一个能充分陪伴和理解自己的假想同伴来满足这种需求。然而在乔希·雷德斯通看来，"情绪的想象性知觉"这个概念框架在解释人类为什么会对机器人共情时捕捉到了一些正确的东西，比如人造物的类人特征可以启动一些与人类相关的概念并影响我们对社交机器人的知觉的"现象感受"，但这个术语还可以有更精准的表达方式，比如"知觉错觉"。因为即便我们知道机器人本身并不能感受到情绪，但依然不忍"虐待"它，并对它有共情的情感体验。[①] 从这个意义上来说，人与机器的关系其实可以执行最低限度的要求，即把机器人作为人类移情的接受者当作人类—机器人建立友谊关系的必要条件。

事实上，感知机器的行为不能脱离机器身体和技术的瞬间协调，也不能脱离特定时间和地点、在场人员的交流行为，这是一个共同构建的行为。社交机器人不需要在外表和动作上做到"生物学上的精确"，也不需要强迫人们相信它们有情感和意识，它所要做的是满足人们对"行为的期望"，从而让人与之互动时不那么沮丧地只把它们看作纯粹技术或操作的工具，而是可以理解的"伙伴"。借用德勒兹的"异质性"概念，我们可以把人类与机器人情感双方看作同一整体下的异质部分，为了能够理解这种情感，我们必须改变我们的情感环境，使我们自己也成为机器情感理解环境的一部分，这样就能够把机器"情感"理解为人与机器人共享的存在模式。如果我们要和机器人共享现实，我们就必须将机器人的行为看作世界"正常"的部分，我们可以像对待其他人一样对待它，这是一种特殊经验的分享。

二 情感动态协调中的模仿与拟人

达米亚诺（Luisa Damiano）与杜穆切尔还建议将人与机器人的情感视为一种进化的"主体间协调机制"，其基本假设是，"情感表

[①] ［丹麦］乔希·雷德斯通：《与社交机器人共情：对情绪的想象性知觉的新探讨》，载马尔科·内斯科乌编《社交机器人：界限、潜力和挑战》，柳帅、张英飒译，北京大学出版社2021年版，第27-28页。

达是一个持续的主体间协调过程的一部分,在这个过程中,主体相互决定彼此的情感和行动倾向,并不参与旨在发现他人情绪的理性演算(或模拟)"。[1] 通过情感动态协调实现的人机交互,否定了将真实情感视为内部产生和体验的私人事件的经典理论。随着机器人研发者逐渐熟练地将人工移情编程到他们的创作中,他们正在放弃传统的人类情感概念,即离散的、私人的、内在的体验,而是把情绪看作两个行动者之间的一个连续体。移情不仅是一种道德价值,也是一种"复制行为"和模仿学习的感觉运动机制,人工移情的问题同时也被看作机器对人的模仿或拟人化游戏。移情和模仿具有相同的神经联系——镜像神经元。移情的情感基础是显而易见的,它使模仿的自我学习成为可能。同时,与机器人密切互动的人类将投射并寻找这些人工实体的移情反应。因此,人类与机器人建立移情联系的机制是人们最感兴趣的。日本学者浅田稔等的研究表明,能够以移情方式包括识别他人的意向并作出适当反应的人工伴侣,在与用户建立和保持积极关系方面更为成功,正如达米亚诺等提到的"人机情感协调动力学"(human-robot affective coordination dynamics)那样,机器人可以激发用户参与包括情感在内的动态交互表达,而适当的反应触发了人类及其人工同伴的进一步互动,目标是让用户情感化地回应,并逐步感觉到越来越多地参与到系统中以增强机器人的社交存在。

一般而言,模仿交往伙伴的姿势、习性、面部表情和其他行为,使其行为与其他人的行为相匹配,能够达到增加认同感、增进亲密关系的效果,然而机器人是否能够有意识地模仿人的行为?考虑到目前的研究现状,我们只能说机器人模拟了人类的情感或心理特征,但是它们没办法实现更高层次的模拟,即经验和意识。经验是主观的,有或没有二元对立,不能交叠亦不能被模拟,意识和经验

---

[1] L. Damiano, P. Dumouchel, "Anthropomorphism in Human-robot Co-evolution", *Frontiers in Psychology*, Vol. 468, No. 9, 2018, pp. 1–9.

是一样的。从这个意义上说，机器人确实是不能移情的，它们最多表现得像有同理心，那么这种表现得像有同理心的行为在多大程度上会让人类与之互动时感到更加舒适？或者我们所期望的机器人的同理心本就不是完全意义上的移情，而是基于"拟人化"层面的想象性互动的乐趣？

"拟人化"是人类交流中典型的对非人类延伸的互动形式，也就是说，对话者可以归属于一个人工制品。"拟人化"具体指的是"对无生命对象、动物等事物赋予人类特征，从而帮助我们理解它们的行为"。[1] 当今的社交机器人领域正在普遍采用拟人化设计，那么，引发"拟人化"过程的条件是什么？日本学者森政弘说核心条件是"熟悉"，熟悉可以从两个角度来看待：作为存在的或追求的。例如，我们对宠物感到熟悉，在完全不同类的情况下，模仿对话可能是一种模拟熟悉的方式，可以平息人们对可怕动物或机器人的恐惧。事实上，即使在机器人被视为潜在威胁的情况下，我们也可以想象，人类拥有在熟悉中转化恐惧并建立关系的能力。森政弘认为，随着机器人在形式和能力上变得越来越像人类，与机器人的互动将变得容易和自然。也就是说，"拟人化"增加了人类对机器人的情绪反应的积极性，不过拟人并不要求机器人完全"逼真"，当机器近乎完全像人类反而会给人一种强烈的怪诞和陌生的印象，"恐怖谷"（the Uncanny Valey）就是这种效应的明显例子。根据森政弘的假设，随着机器人拟人程度的增加，人类对它的情感反应呈现出一种先增后减再增的曲线。机器人达到最"接近人类"的相似度的时候，反而让人类的好感度下降至反感状态，这被称作恐怖谷。同时，森政弘认为，"动态的类人体"将会比"静态的类人体"跌入更深的恐怖谷之中。

具身社交机器人扮演了一种拥有"主体性"身份的角色，以非

---

[1] ［丹麦］马尔科·内斯科乌：《社交机器人：界限、潜力和挑战》，柳帅、张英飒译，北京大学出版社2021年版，第301页。

表征性、具身化的形式自主处理与外部环境交互和传播过程中产生的信息。一方面，它可以模拟类人的情感、态度等一系列内在认知要素，在技术"脚本"之下赋予用户更强的真实感以及在场感。"脚本"（script）的概念是学者拉图尔提出的，最早用来描述技术产物对行动者行为决策所产生的影响。人类在不同场景下的行为需求、行为方式均会受到这种脚本的影响。例如，互联网的虚拟性、连通性以及匿名性，放大了微粒个体的力量，但同时也模糊了社会规则以及界限，类似人肉搜索以及网络暴力等侵犯他人权利的行为时有发生，这时的互联网已经超越了工具属性而进入了价值属性的阶段，这些失序行为均是在互联网价值属性下所产生的负面脚本。因而，脚本可以理解为技术规则、程序指令乃至价值与意义的一种投射，是在行动者网络中理解的技术生态世界。

对于智能技术而言，其本身具备的属性和运行规则在某种程度上也为传播行为定制了脚本。例如，AR/VR等逐步接近成熟的虚拟技术创造了逼近真实的"第三世界"，在某种程度上可以外化我们的身体，用虚拟精神层面的互动替代肉身的真实接触，让人类拥有更真实的与外部世界交流的能力和条件。这一切均是人工智能为虚拟世界乃至真实世界所带来的新的传播"脚本"。另外，从面孔、表情、声音到体态的合成与仿真，人工智能打造高度拟人化的虚拟形象，进一步提升人机传播的共情能力。技术的发展使人工智能越来越具备和人类相似的情绪感知能力，即能够通过用户发出的指令或反馈信息进行情绪判断，并给出相应回复。未来人工智能与人之间的关系，将呈现一种复调的共情。

智能传播的人机交互中，身体与机器人处于一种"共谋"的情境，他们会全天候陪伴并且随叫随到，人们也将注意力转移至机器，从而形成情感联动。虽然目前社交机器人的智能较弱，但是已经激发一定的情感能量，也有触发情感联动的趋势。社交机器人对感官进行了延伸和切割，创造了感官分裂、脱域的主体性。主体不是先在的，在关系网络中不断建构与解构从而形成一种动态关系，这种关系与联结让主体持续不断地创造出一种流动空间，向社会的深处渗透。总而言之，人与机器之间的概念边界具有足够的可塑性，可以进行协商和改变，至于人和社交机器人的关系更是有多种可能。

第三节　赛博格隐喻：人机主体边界的坍塌

> 昔者庄周梦为胡蝶，栩栩然胡蝶也。自喻适志与，不知周也。俄然觉，则蘧蘧然周也。不知周之梦为胡蝶与，胡蝶之梦为周与？周与胡蝶，则必有分矣。此之谓物化。
>
> ——《庄子·齐物论》①

在西方社会思潮中，物化（reification/objectification）常用来指称那种泯灭于物而丧失了人类主体性的状态，它与马克思主义的"异化"概念有相似之处，一般诞生自不平等的社会关系之中。但在庄子的笔下，物化指的是万物的变化，它是同中之异，齐一中的分化。正如在庄周化蝶的寓言里，人与蝶并无根本性界限，只是变化的不同状态。这种"齐物"的思维来自原始初民的混沌感受，却在庄子的奇诡文字中演化成独特的世界观，古往今来一直具有极大的吸引力。"庄周梦蝶"看似超现实，实际上提出了一种主体共生缠绕的状态，这也正是赛博格的状态，是后人类时代的可能状态。

《列子·汤问》里同样有个故事：周穆王西游后，在返回中原的路上，有个匠人偃师求见。偃师带着自己制造的、动作容貌与真人无异的假人，让它为周穆王表演。歌舞表演很美妙，令观者无不动容。它在表演即将结束时，对周穆王的宠妃眉目传情，周穆王大怒。偃师为表示清白，立即剖开假人，只见它的器官全由皮革、木

---

① 方勇译注：《庄子》，中华书局2015年版，第42页。

第四章　关系流动：人与社交机器人的主体边界之争

材等所造，但筋骨、皮肉，五脏六腑，无不具备。周穆王又试着拿出它的心脏，则嘴巴无法说话；拿掉肝脏，则眼睛无法观看；拿掉肾脏，则双脚不能走路。把这些零件重组，伶人瞬间复活。周穆王终于叹服："走，跟我回去吧！"

这或许是中国历史上记载的最早的机器人吧，这个故事也预示了"后人类"的某种境况：人看似不证自明的主体地位将随着技术的发展而变得模糊，在一个新时代里，与人有关且早就根深蒂固的观念，将岌岌可危，重新被质疑，再次落入悬而未决的境地。那么在后人类时代，人类是否仍然要保持地球主宰者的地位？关于这个问题，后人类主义的研究者也存在分歧：有人坚信人类理性的可完美性，以及人类在星球上的中心地位；有人则强调人与人之间、人与非人环境之间的相互依赖，强调并认同人类主体与技术器物之间的亲密关系，正如人有主体性一样，智能器物同样能发展出主体性。即使多数人坚持人类的中心地位，这些争议也可以让我们对人类与技术、自然之间的关系有新的反思。我们也意识到，在后人类时代维持人类的中心地位，不再是一件简单的事。

后人类（post-human）是反思并超越了人类主体性之后的存在状态，它的核心是人与智能机器的交互。布拉伊多蒂对"后人类"给出明确定义：后人类既是我们历史状况的标记，又是一种理论的隐喻表达。后人类不是未来的反乌托邦想象，而是我们历史语境的决定性特征。她将后人类状况定义为发达资本主义经济中后人文主义与后人类中心主义的集合。前者侧重于对"人"作为万物一般尺度的人文主义理想的批判，后者则批判物种等级和人类中心的例外主义。[①] 换言之，后人文主义尚局限于人的物种内部，后人类中心主义则扩展至人类与非人类动物、植物、无机物间界限及对立的消解，后人类主义的核心概念赛博格，就是想象世界与物理现实的浓缩图像。

[①] R. Braidotti, *Posthuman Knowledge*, Cambridge: Polity Press, 2019, p. 22.

"赛博格"(Cyborg)一词最早来自澳大利亚科学家曼弗雷德·克林纳和美国物理学家纳森·克莱恩在1960年联合研究的"控制论和有机体"项目。他们发现，创造自我规范化的人类机器系统是很有必要的，因为外在的、已得到延伸的有机体的混合物，功能上就像是一个整合过的同质系统，他们把这样的情况称作"赛博格"。赛博格可以让在太空中工作的人类通过机器与人融合而产生同质系统，使人类的有机组织可以像机器人那样自动、自主地工作，让人可以自由地探索、创作、思考与感觉。克林纳与克莱恩在当时提出的只是一种潜在设想，希望他们的研究能为人类探索太空提供人工的、类似地球一样的环境。正是基于控制论研究，"赛博格"成为"通过人类与技术的交合而使人类功能得到扩张的个体"，甚至任何有生命的生物与机器产生的神经交合都可以被认为是赛博格。诺伯特·维纳(Norbert Wiener)后来在提出控制论的时候，明确传达了一个今天看来十分有先见之明的看法："随着计算技术的飞速发展，会出现一种新的、跨学科的治理模式，我们将来必须面对的一个重大问题，就是人类与机器的关系。"[1] 维纳的控制论准确预测了大数据、人工智能、生物技术给社会带来的巨大机遇和挑战。

准确把握赛博格这一概念的内涵需要看到其在人文社科研究领域中的双重属性：它最初源于人机杂合的技术构想，但经女性主义学者哈拉维的进一步阐释，成为一个人机关系乃至人之主体性问题的隐喻。哈拉维指出："到20世纪晚期，我们的时代成为一种神话的时代，我们都是怪物凯米拉(The Chimera)，都是理论化和编造的机器有机体的混合物；简单地说，我们就是赛博格。赛博格是我们的本体，将我们的政治赋予我们。"[2] 赛博格是一种隐喻，也是一种社会文化现象，它既指代了物理意义上的人机杂合，也暗示了社

---

[1] N. Wiener, *God and Golem, Inc.: A Comment on Certain Points Where Cybernetics Impinges on Religion*, Cambridge: The MIT Press, 1966, p.71.

[2] [美] 唐娜·哈拉维：《类人猿、赛博格和女人：自然的重塑》，陈静、吴义诚主译，河南大学出版社2012年版，第8页。

会意义上的人机互嵌。赛博空间包含了自然空间与技术空间，成为人类社会的指代。我们都生活在人机交互的网络中，成为赛博文化的一部分。不仅如此，哈拉维从更深刻的视角提出，赛博格的出现暗示着20世纪晚期的科学文化中出现了三种断裂。第一种断裂是人和动物之间的边界被彻底破坏了，人类独特性的最后阵地已经被污染。第二种断裂是动物—人类（有机体）与机器的界限模糊了。哈拉维指出，20世纪晚期的机器完全模糊了自然和人造、心智和身体、自我发展和外部设计，以及其他许多适用于有机体和机器之间的区别。第三种断裂是第二种断裂的子集，即身体和非身体之间的界限也开始模糊了。哈拉维的赛博格神话，跨越了真实和虚拟的界限，成为一种面向未来的反思性力量。[1]

其实，哈拉维自己很少使用后人类主体一词，不过她说的赛博格常被视为后人类生命形式，以此为基础形成的赛博格话语自然构成了后人类主体话语形态之一。哈拉维所提出的赛博格与作为技术构想的赛博格不同，它将后者作为喻体，却更多指向一种隐喻化的"本体论陈述"，即一种打破了人—动物、有机体—机器、物质的—非物质的等一系列传统二元论边界的新主体。换言之，赛博格作为一个新的学理概念，其不仅仅是对身体与机器之组合的描述，更是一种思考世界的方式，即一种扩展人类知识范围的本体论策略，也是一种描述那些似乎存在于理解框架之外的现象的恰当手段。它旨在消解这种主体和客体的先验性，通过强调人和物作为历史过程与实践过程之建构物的性质，转而表征主客体之间的相互建构、混杂和融合。由此，其形成了一种关系本体论或曰生成本体论、实践本体论。赛博格由此从一个纯粹的技术概念，转变为一个有关二元论模糊与边界融合的、富有哲学意蕴的主体性隐喻。它不仅指向技术维度，更指向文化维度。可以说，赛博格的本体论思想直接挑战了

---

[1] ［美］唐娜·哈拉维：《类人猿、赛博格和女人：自然的重塑》，陈静、吴义诚主译，河南大学出版社2012年版，第208-209页。

西方哲学尤其是西方认知论的二元体系。

　　后现代文化是赛博格文化之根，当我们提出后人文主义/后人类主义的时候，我们无法规避后现代社会思想。科技发展催生了后现代社会，也促成了人类与技术的共谋，后现代文化就是基于晚近各种科学发展成果而萌发出的对传统文化的质询与消解。后现代主义批评家让—弗朗索瓦·利奥塔在《后现代状况》中用"后现代"来描述高科技社会中的知识发展状况，以"后现代"标示当今文化的方位和境况。他认为，"后现代"就是对"后设论"的质疑，而这种质疑是随着晚近各种科学的发展而产生的。这也意味着，科技的日新月异在不断挑战已有的固定成论。后设论的一整套合法的设置体系已经时过境迁，后现代社会进入众声喧哗的语言游戏竞赛，典章制度土崩瓦解，呈现为碎片化、局部化的状态。后现代知识的法则，不是专家式的一致性，而是属于创造者的悖谬推理或矛盾性。因此在《后现代状况》中，利奥塔致力于用一种充满似是而非的悖谬实现社会规范的合法化。

　　近年来有学者运用赛博格概念，将智能手机阐释为年轻人的感官与大脑的延伸，或者将人们使用信息技术存储内容以"增强大脑"的过程理解为所有人的赛博格化。总之，将人体与信息技术拼装复合或高度配合共生的技术结果理解为赛博格。上述研究对赛博格概念的应用是清晰直观的，它使用了赛博格在"人—机复合"方面的外在形象，也不同程度地直接或间接回应了赛博格隐喻背后关于人之主体性在高新技术背景下转变的逻辑，然而上述应用方式有时会面临一种批评：为什么我们一定要将人与技术的紧密合作关系理解为一种新的人之主体形态，而不将其继续遵照传统思路，理解为"使用—被使用"关系？对于当代任何一个有"常识"的人而言，找到人与外部技术的边界似乎都不是一件困难的事情，再紧密的人—机复合都能够仅仅被理解为一次平常而了无新意的工具使用与技术升级，而不是能够冲击人之本体论乃至塑造新主体的"人—机合二为一"。

第四章　关系流动：人与社交机器人的主体边界之争 | 77

对上述批评的回应必须再次回归到如何理解赛博格隐喻的问题上。通常而言，在各类赛博格相关研究中，赛博格都会被直观地理解为个人与高新技术的拼装合并关系——这大致符合赛博格概念的基本意向，而正是这个作为研讨起点的理解方式，使得进一步认识该概念的深意或隐喻出现了问题。因为如果将赛博格等同于"人—机复合"，其实只是从技术构想的层面对其进行考量，也就是将赛博格的概念回落到了其作为航天工程的技术设计之中，还不足以对其进行本体论意义反思，赛博格隐喻与赛博格技术构想属于赛博格概念的不同岔道。

随着机器的智能化发展，人与机器的关系不断出现新的形式。人类的智能特征不断被模仿并深入机器结构和功能的各个方面，机器也被嵌入生物有机体的内部，形成了半人半机的赛博格。对赛博格的反思，也成为当代社会反思人机关系的主要课题，而赛博格隐喻的应用关键，在于针对有关控制论与后现代立场中的人之新主体性问题，以及其相应的人—机混合关系问题，展开本体论取向的理论人类学分析及相关知识论、方法论探索。研究者尤其应分析人与物、内与外、自然与人造，抑或主体与客体等基础性的二元分类逻辑在当代文化理解中的松动、解构，以及新的混成式类别关系的创造及社会化表现。

在"赛博格隐喻"率先突破了物理与非物理、人与动物、人与机器这三组概念之间的边界，成为探究人机关系发展转向的重要思想理念之后，海勒则进一步追问，什么样的关系应该成为前景？海勒认为，我们与智能机器以及与我们共享地球的其他生物物种共同处于一个动态的共同进化的螺旋中，她尝试用模式/随机的辩证关系取代物质/信息的二元关系，以具身性取代离身性来思考后人类语境中的人机关系。在海勒看来，后人类语境更加凸显了人类与机器的边界问题，但我们不能想当然地使用人与机器这类概念，而应该回到人和非人类的身体以及具体的经验中重新审视这些概念，才能得到解答。因此，海勒十分重视具体语境的还原，她不提身体，而提具形/体塑，从而说明没有"这样的身体"（the body），只有各种不同的身体（bodies），"相对于身体，具形/体塑是他者或者别处，是处于无限的变化特性和异常之中的过度与不足"。①

不论是哈拉维还是海勒，都将人类从中心位置上拉了下来，将人类主体性放置在与他者联通的网络之中重新审视，人机关系也是这一复杂网络关系的一个部分。哈拉维的赛博格理论在布拉伊多蒂那里得到回应，布拉伊多蒂认为，这就意味着物质、文化和技术中介之间都不是辩证的对立关系，而是相伴连续的关系。在生成的一元论基础上形成的人机关系并非单一的对立或融合的关系，也并非单向的关系，而是由漫无边际的联结和生成构成的，让我们得以重新想象人类/非人类的主体性。正是在多重性的关系之中，后人类的游牧主体得以建立："后人类游牧主体是唯物论和活力论的，是具身化和嵌入的——它牢固地定位于某处。后人类游牧主体……在一个一元本体论内部被加以概念化，而将其实在化的对象是一个标示后人类思维自身的关系活力和基本复杂性。"② 这种后人类的游牧主体并不局限于人类，而是多层面的关系性主体，它打开了人类本体论的缝隙，使得动物、机器、地球等得以进入，形成了人类/非人类的连续统一体，布拉伊多蒂将之理解为某种后人类主体的建构。

后人类理论中的许多理论隐喻从更广泛的意义上思考了人类和非人类物质的纠缠，比如约翰·胡特尼克提出的"混杂性理论"，试图用更大的混杂性打破生物与非生物的边界。德国媒介学者西比尔·克莱默尔的媒介理论也提供了一种"去人类主体性"的信使模型观，为智能媒介时代如何理解人与媒介技术之间的关系提供了众多独有启发性的哲思，"该模型的原初状态涉及具有他异性的两

---

① [美]凯瑟琳·海勒：《我们何以成为后人类：文学、信息科学和控制论中的虚拟身体》，刘宇清译，北京大学出版社2017年版。
② [意]罗西·布拉伊多蒂：《后人类》，宋根成译，河南大学出版社2016年版，第277页。

第四章 关系流动：人与社交机器人的主体边界之争

方，或者两个场域（fields），或者世界（world），而在这二者之间存在一个第三个存在，它的角色和功能就是在被分离的二者之间建立联系"。[①]

赛博格隐喻带来的一个明确启示是，人与社交机器人作为信息交互的双方，并无本质性的不同，更不应被区分看待。换言之，作为赛博格主体的人，双方都是在处理周遭社会关系时的具身性体验中彼此平等的组成部分。人类主体性也被剥去了作为"万物之灵"的人本主义光环，人类也不会被视为独立于自然世界之外的行为主体，而是与社交机器人一样，属于普通的行动参与者。如果人与社交机器人的主体边界问题已经被后人类主义理论解构，那么后人类社会社交机器人与人的关系会有何不同？社交机器人是否有潜力成为人类的亲密伙伴？这些单纯的疑惑或紧迫的问题被反复提出，但很少有深刻的思想或话语去严肃地讨论这些话题。另外，在将人工智能相关的问题与人类相关的问题相互结合，得出丰富的讨论结果的同时，用深刻的思想或话语来谈论具体社交机器人的开发和运作仍然是不容易的。这种"脱节"到底从何而来，又该如何超越这种"脱节"呢？后文将首先探讨人与社交机器人建立亲密关系的潜力，进一步探讨赋予社交机器人主体地位的可能性，最后以拉图尔的"非现代主义人类学"为指导思想，借用"行动者网络理论"作为分析方法并克服其"局限性"，构想出一种看待人与社交机器人关系的新认知视角。

[①] ［德］西皮尔·克莱默尔：《作为文化技术的媒介：从书写平面到数字接口》，吴余劲等译，《全球传媒学刊》2019年第1期。

第五章　人与社交机器人建立"亲密"关系的现实与想象

古罗马作家奥维德（Ovid）在他的著作《变形记》（*Metamorphoses*）中充满想象力地描述了一个关于塞浦路斯人皮格马利翁（Pygmalion）的故事。该故事讲述了有着超高艺术天赋的皮格马利翁，呕心沥血创造了一座理想女性的雕像，然后迷恋上了它，不仅用华丽的服饰、昂贵的首饰装扮它，还把它当作伴侣并与它同床共枕、跟它讲话。最后在塞浦路斯女神维纳斯的帮助和怜悯下，皮格马利翁的雕像不仅得以存活，他们甚至生育了孩子。虽然这个故事的寓意暗含了生命的创造本身依赖于神的推动，但也非常明确地说明，人类的创造力和发明精神指向于对生命的理想化的形象模仿。雕像本身的功能在某种程度上可以与今天的社交机器人相类似，社交机器人也是为了满足人的交流欲望或情感需求而设计的。我们可以设想一下，假设有一种机器人不仅可以提供生命般的体验，还能产生生理刺激，同时被编程为提供最佳的、个性化的环境效果，有助于与之互动的人摆脱孤独、产生最大的幸福感。这也意味着它能提供爱、陪伴、体验、舒适、快乐、刺激等完美关系组合，这样一种机器人出现在我们的身边并与我们朝夕相处，究竟会滋生出一种什么样的情感关系？

我们目前与机器的互动方式，很难再简单地用人类和其他生物或人工制品之间的关系来描述，现在甚至已经制造出可以代替人类实现爱的功能的机器人。正如大卫·利维在《与机器人的爱与性——人机关系革命》(*Love and Sex with Robots*: *The Evolution of Human-Robot Relationships*)一书中提到的那样，在 21 世纪开始之时，人工伴侣——机器人丈夫、机器人妻子、机器人朋友和机器恋人的观念开始逐渐挑战人们对"关系"的定义，而在此之前，人类和机器人之间主要是一种主人和奴隶、人和工具的关系。人工智能技术的最新进展使得具备各种结构、功能、社交和心理特性的机器人被迅速引进，设计和生产情感机器人以类人的方式与人类进行社交互动成为可能。关于机器人在"自我"、亲情、友情、智力和体力等方面的社会价值替代的可能性，也已经被国内外学者以直接或间接的方式佐证。辛西娅·布雷泽尔（Cynthia Breazeal）创立的机器小组在 20 世纪 90 年代中期开发了 Kismet，是最早的社交机器人之一。她认为社交机器人"能够以个人方式与我们沟通、互动，甚至理解我们并与我们联系"，换言之，机器人"能够像其他人一样与我们成为朋友"。[①] 布雷泽尔所表达的这种态度很有启发性，因为它们建立了一种基于两个本质上独立的个体之间交流互动的理想化关系。这个概念似乎暗示了一个孤立的机器人工件和一个情绪化的人类之间的奇异关系。人们认为机器人能唤起人类的一系列情感，从而使人与机器人之间建立起亲密的关系。

第一节　亲密关系的内涵概述及发展演变

一　亲密关系的内涵

人类是一种寻求亲密关系的生物，亲密关系虽然没有明确一致的定义，但是大部分研究未能跳出爱情、友谊等既有亲密关系的范畴，研究重点则放在人的欲望、性、真实感以及满足等方面。例如罗纳德·阿金和杰森·博伦斯坦认为亲密关系的核心特征涉及爱，

[①] C. Breazeal, *Designing Sociable Robots*, Cambridge: The MIT Press, 2002, p.1.

即爱是亲密关系的一个重要组成部分。① 林恩·杰米森在一本关于现代社会亲密关系的书中,将亲密关系划分为四种类型:夫妻关系、性关系、家庭关系和友谊,他认为这四种亲密关系似乎都涉及(某种类型的)爱。② 不仅如此,亲密关系的达成还与另一个对象"人"息息相关,也就是说,建立亲密的关系或爱情,总有另一个人存在。柯林斯则认为,浪漫关系就像友谊一样,是一种持续的自愿互动,相互承认,而不是仅仅由一对恋人中的一个成员来确定。③ 可以说,亲密关系既是一种情感表达,也是一种文化设定,甚至与性别设定有关。它的出现具有历史性条件,而表达则具有社会和文化嵌入性。

在朱瑟琳·乔塞尔森看来,"真正的亲密关系只有在独立的人之间才有可能建立。我们对自己是谁这一点了解得越清楚,我们就越能够冒险与另一个人交往。我们对自己的边界越清楚,我们就越能够自如地体验与他人之间一系列的情感和联络"。④ 她认为,当个体体验到在情感上与他人联结在一起时,就与他人进入一种"相互性"的关系之中:正如两种乐器的共奏产生了和声一样,个体与他人的彼此共鸣和辉映也创造了一种联合产物——"我们"。在亲密关系里的诸多行为模式中,一种理想情况是情感和性欲完美结合,在其中,伴侣双方能够体验到一种强烈的联结。具体而言,在这种互动过程中,皮肤之间的接触如此紧密,触摸与被触摸的切换如此频繁,以至于个体与他人之间的身体界限变得非常模糊,甚至好像

---

① R. Arkin, J. Borenstein, "Robots, Ethics, and Intimacy: The Need for Scientific Research", in Proceedings of Conference of the International Association of Computing and Philosophy, IACAP, 2016.

② L. Jamieson, *Intimacy: Personal Relationships in Modern Societies*, Cambridge, UK: Polity Press, 1998.

③ W. A. Collins, "More than Myth: The Developmental Significance of Romantic Relationships during Adolescence", *Journal of Research on Adolescence*, Vol. 13, No. 1, 2003, pp. 1-24.

④ [美] 朱瑟琳·乔塞尔森:《我和你:人际关系的解析》,鲁小华、孙大强译,机械工业出版社2016年版,第7页。

被抹去了一样。

以上观点都表明，探讨亲密关系的主体通常都限制在人与人之间，尤其是可亲近的身体之间，亲密关系的范畴亦未能跳出爱情、家庭等形态，一般而言，那种基于"性分离主义"的身体亲密被排除在典型亲密范畴之外。不过这中间并非没有打破传统的代表之作，英国著名考古学家、人类学家布莱恩·费根（Brian Fagan）在其著作《亲密关系：动物如何塑造人类历史》中，尝试突破人类中心论，展示一幅由动物塑造的人类历史画卷。他在作品中梳理了狗、山羊、绵羊、猪、牛、驴、马和骆驼这八种动物被驯化的过程，以及它们如何塑造了人类的历史。这些动物与人类建立联系的时间有先后，影响人类历史的程度也有所不同，但无一例外的是，它们与人类之间都存在亲密的伙伴关系。在费根的世界史构建中，人类和动物均是平等的"行动者"，动物不仅不是人类历史影响下的产物，还是塑造人类历史的重要因素。费根的观点拓展了亲密关系主体的范畴，对于探讨后人类社会中人与社交机器人的关系同样具有极大的启发意义。

2017年，彭博社（Bloomberg）网站的一条新闻指出，由于社交机器人拥有像人类一样的言谈举止和情感，很容易让人产生共鸣。因此，企业可以创造出更具轰动效应的机器人，从机器人保姆到机器人伴侣等。社交机器人将会进入越来越多的行业为人类服务。这种现象在日本格外明显，日本因为老龄化等原因，劳动力严重不足，机器人则成为解决劳动力不足等问题的重要一环，在研发普通机械机器人（如料理家务、餐厅服务）的基础上，一些情感类机器人（如护理病人、陪伴老人、照顾小孩等）也应运而生，围绕人和机器人之间建立的新型亲密关系的讨论如雨后春笋般出现。

二　技术介导下的"非人格化"亲密关系

每当一种新技术问世，总是会出现关于这一新技术将会创造或带来一个新世界、新社会或新的历史阶段的话语。比如网络技术带给亲密关系的形态转变不仅突破了在线和线下、公共和私人领域，也突破了人类主体的边界，它所达成的"媒介式亲密"挑战了传统的看法，同时也成为理论界探讨的焦点，甚至催生了业界研发旨在连接人和机器人浪漫或亲密关系的恋爱机器人（Lovotics）。网络爆炸带来的连接方式的戏剧性变化使不少学者看到技术尤其是社交媒体对亲密关系的重要影响，一种从人与人之间的"我—你关系"（I-You relationships）变成"我—它连接"（I-It connections）的关系，承载了人们对亲密关系的重新想象。正如学者田林楠认为，在社交媒体中介的身体亲密关系中，人们所关注的好处是两种相互冲突的东西：逃避情感的同时获得恋爱体验。[1] 在社交媒体所构造的网络社区中，大量潜在可选项让每个个体都成为只有性能差异的工具性的"它"，一个可以便利地建立和断开连接的节点。在这种即连即断的连接中，个体之间并不需要建立真正的社会关系，而只是将对方视为满足自身亲密需要的工具或者消费伙伴，人们建立这一"连接"也并不是要实现人际满足，而只是通过连接来实现个人需要。正是在这种互为"它"的连接中，通过将亲密对象商品化、工具化，人们可以在某种程度上达到逃避责任与情感体验之间的平衡。这种亲密形态既能够提供一种作为近似安全感的恋爱体验，又无须为此付出牺牲自由的代价。

当人与技术越来越密切地相互纠缠，虚拟与实体的身份边界越来越模糊，"亲密"的概念也应该重新考虑。佩特曼（Dominic Pettman）提出的解构"自我"或"身份"等概念在这里至关重要，他说："我们必须摆脱爱的阴影——对占有的痴迷。"[2] 对佩特曼来说，爱是一种弥合鸿沟的技术，一种转向另一个存在的技术。换言之，这是一种严格意义上的通信技术，似乎只要我们能谈论两个物体之间的交流，我们就能谈论爱情。从这个角度来看，与虚拟人物聊天

---

[1] 田林楠：《在自由与安全之间：社交媒体中介下的亲密关系》，《社会发展研究》2021年第2期。

[2] D. Pettman, "Love in the Time of Tamagotchi", *Theory, Culture & Society*, Vol. 26, No. 2, 2009, pp. 1-20.

可以满足可能的恋爱关系的要求。受他的观点的启发，本书提出一种"非人格化亲密关系"的概念，来描述人与社交机器人建立的新型亲密关系。

非人格化亲密关系并非只是把亲密关系的范畴延伸到爱情、友情或亲情之外，也不是简单地将亲密关系的主体扩展到非人类对象上，而是强调这种亲密不是一个人的身体或心灵所拥有的东西，而是一种完全的关系，即需要关注实体之间的关系而不仅仅是实体本身，这对于我们重新审视机器设备与人的接触有着重要的意义。非人格化亲密关系更多是基于人在日常中的重复和习惯，而这种重复不应被理解为机械性和缺乏创造力的，而应被理解为具有生成性、创造性的。通过这种关系，新的能力和欲望会出现，这些新的欲望不一定是面向对象的欲望，而是为存在创造新的可能性。所以非人格化亲密关系的探讨不仅涉及人体内的哪些心理或情感神经机制被启动，同时还启动了人机互动新的话语机制，即将被爱和被信任的机器人从物质领域中解脱出来，安置到人类社会生活中。人们谈论的机器人不再属于机器、物体、物品的范畴；相反，人们谈论它就像平常谈论我们所爱和信任的人一样，也相信它会反过来爱和信任我们。

第二节 人与社交机器人建立非人格化亲密关系的现实

当类人特征的机器人不断涌现，并拥有我们能够理解的交流能力，我们正在迅速走向一个机器人不仅在功能意义上与我们互动，而且在个人意义上与我们互动的时代，在这个时代，人类和机器人之间的双向情感关系将变得十分正常。人工智能媒介物是"有生命的"，更确切地说，它具有"生命色彩"。这种生命色彩来自对人的模拟，与人的联结，以及人的信息和情感注入。那么它和人类在传播互动中能够释放什么样的潜能？有研究者认为，现阶段的社交机器人可以看作"第六媒介"，媒介技术不断变革促使用户与社交机器人的传播关系向更为复杂的人机交往方向演进。[①] 在智能媒体时代，人类用户与社交机器人之间正在建立一种深远的依存关系，并由此延伸为技术与主体之间常态与新常态的不断进化，使"媒介依赖"成为广泛渗透于人类社会实践的行为基础，进而生成强大的基于社会合力与共性的社会变革推进力量。那么，当人类投入时间、精力与没有生命的社交机器人聊天互动时，会不会和人与人之间的社会交往相似，与社交机器人成为朋友并排遣掉心中的孤独？

一 社交机器人成为助手

当前，虚拟社交机器人在互联网空间的力量日益凸显。它们可以在社交媒体平台上生成、发布内容，与人类进行评论和互动，并在此过程中影响网络信息的传播方式和范围。常见的在线社交机器人主要为聊天机器人，其被广泛应用于智能客服、私人助手等领域。2019年，OpenAI发布了GPT-2，该模型使用了超过40GB的文本进行训练，大多数情况下可以实现非常连贯和可信的输出。随后，OpenAI又于2020年发布了GPT-3，于2023年发布了GPT-4。自然语言处理（Natural Language Processing，NLP）基准测试的结果表明，GPT-4超越了之前大多数先进的大型语言模型，尤其在英语之外的其他多种语言应用中展示出了强大的性能。相较于前代GPT，GPT-4在复杂场景中理解和生成自然语言文本的能力取得明显提升，可以更高效地处理图像等多媒体内容输入并生成输出。以GPT为代表的AIGC模型补强了社交机器人两方面的短板：对话能力和内容检索与生成能力，使社交机器人成为一种更加高效强大的工具。

除了存在于虚拟空间，社交机器人还可以借助实体硬件存在于

---

① 林升梁、叶立：《人机·交往·重塑：作为"第六媒介"的智能机器人》，《新闻与传播研究》2019年第10期。

现实世界中，实体社交机器人通常包含音频传感器、摄像头、麦克风等输入输出设备，以实现感知环境、交流互动的功能。当前被广泛应用的实体社交机器人主要承担了助手的角色。日本的"Henn na Hotel"就使用机器人来接待客人、提供房间服务和解答问题等。这些机器人不仅能够提供高效的服务，还能够给客人带来新奇和愉悦的体验。研发的集扫地、拖地、吸尘于一体的自主清洁机器人，可以利用人脸识别技术，与保洁工人实现高效协同工作。现已具备智能看护、远程医疗和亲情互动功能的智能养老机器人（如"阿铁"）、早教与互动功能的儿童陪护机器人（如萤石RK2），以及情感慰藉的情侣机器人（如Harmony）等，能够在一定程度上为人们的生活与工作提供助力。

社交机器人通过与人进行面部表情、手势等肢体语言和自然语言的交流，可识别、感知、理解对方情感并表达自己的机器情感，在此过程中展示不同性格、识别交互伙伴、进行社交互动，从而建立社会关系，使其具备了承担包括知识劳动、符号劳动以及情感劳动等精神劳动的"初始条件"。[①] 精神劳动，即出于超越生物本能的需要而使标志着生命运动的劳动向知识、符号和情感领域扩展。社会化机器人可以作为一种精神劳动主体，也就是说，通过人机交互，它可以在一定的交互情境中为人们提供或直接生成知识信息、符号演绎信息以及情感信息，从而使其像人一样满足人们的需求。

在符号劳动领域，2020年问世的GPT-3已经"初露端倪"，其功能已涵盖数据分析与统计、文本与程序生成、内容创作、推理等领域。初步来看，这将导致白领人群、文学创作者、程序设计者、科研工作者等群体的部分知识和符号劳动的自动化。从GPT-3到GPT-4的迭代更新，已显示出机器在人类精神劳动层面的替代性，从事知识劳动、符号劳动和情感劳动的部分群体存在被替代的现实

[①] 刘壮、胡景谱：《社会化机器人引发的"社会问题"探析》，《科学·经济·社会》2023年第3期。

可能。在理论和实操层面，社交机器人具备搭载该技术系统的可行性，将来也会有越来越多的实体化机器人能够承担当前虚拟社交机器人所承担的角色。

二 社交机器人成为朋友

近年来，友谊的概念在哲学领域相对受到较少关注。或许对于哲学家来说，在这里寻找有价值的社会关系信息较为奇怪，但纵观人类历史文明的发展，来自不同文化和时代的思想家都将友谊视为美好生活的一个重要因素。比如中国古典哲学家孔子认为，友谊对个人修养起着至关重要的作用。他提到，"益者三友，损者三友。友直，友谅，友多闻，益矣。友便辟，友善柔，友便佞，损矣"。亚里士多德在著作《尼各马可伦理学（第八卷）》中对友谊也做了详尽的阐释，他声称朋友是"其他自我"，并将友谊分为基于效用的友谊、基于快乐的友谊和真正的友谊，而这种真正的友谊发生在品德相似的人之间，且双方都必须喜欢于对方有利的东西。[①] 关于友谊的定义其他学者也做了广泛的描述：奥古斯丁（Augustine of Hippo）将自己和朋友描述为"两个身体中的一个灵魂"；特尔弗（Elizabeth Telfer）说，友谊包括朋友之间的"纽带感"。

事实上，人们对亲密的社会想象并不局限于生理上的满足，还涉及心理和情感上的满足，社交机器人的发明就是为了满足以上两者。中国研发的机器人白泽、阿铁，能够照料老年人的日常如厕、智能看护、语音聊天以及远程诊疗等。特克尔在谈论智能机器人对人类的吸引力时指出，智能机器人所弥补的正是人性中脆弱的一面，人类既想要人陪伴，又不想付出友谊。而在日本大为流行的"任天堂恋爱模拟游戏"中，人们通过"增强现实"技术与"虚拟女友"恋爱甚至接吻，获得强烈的恋爱体验，虚拟的情侣可以手牵着手去上学、互抛媚眼、给对方发短信，甚至可以在学校操场见面

---

① 参见孙学功《孔子的"友谊"思想和亚里士多德的"友爱论"比较》，《西安交通大学学报》（社会科学版）2006年第4期。

亲吻。它让人们可以充分享受恋爱的感觉，但同时又不需要把责任带回家或者把自由支配出去。社交机器人同样承担了人们对自由与安全这一矛盾的亲密想象。虽然虚拟和具身代理的机器人具有成为工作伙伴的潜力，但是否能够与人类建立友谊呢？梅尔森（Gail F. Melson）等的一项研究考察了儿童对机器人爱宝的理解及感受，这项研究表明，孩子们可能会把科技设备当作社交对象来对待，这表明存在一种儿童—机器人伙伴关系。在整个研究中，孩子们似乎将自己对人类能力的理解投射到机器人上，并期望机器人具有这些能力。因此可以将这些结果解释为，儿童倾向于与机器人互动并愿意把机器人当作朋友。[1]

日本研发的另一款陪伴型社交机器人小海豹——帕罗，对触摸和拥抱有灵活及生动的反应，能够显著提高老年人的社交和沟通能力，可以直接降低老年性痴呆的理疗费用。如今，帕罗已成功应用到全球多个国家的老年护理中，并被吉尼斯世界纪录认证为治疗效果最好的机器人。帕罗的设计灵感源于改善老年住院病人生理、情感状况，减少痴呆病人躁动的动物辅助治疗。它的外观像一只婴儿竖琴海豹，是专为与人类进行身体社交互动而设计的，比如它可以被人抱在怀里、触摸、爱抚或携带，还能用声音或动作回应人类的恳求。一定程度上，它也可以远距离互动，但它的运动能力比较有限，主要靠声音来表达"情绪"或作出回应。在一项对轻中度老年性痴呆合并慢性疼痛病人的质性访谈中，有老年人说道："我和它（帕罗）相处了一段时间，我在这坐了一会儿，这次我没有想起我的疼痛"，"它能让我暂时忘掉痛苦"。帕罗似乎可以唤起人们与宠物相处的记忆，分散老年人对疼痛的注意力，[2] 与帕罗的互动让每

---

[1] G. F. Melson et al., "Children's Behaviour toward and Understanding of Robotic and Living Dogs", *Journal of Applied Developmental Psychology*, Vol. 30, 2009, pp. 92-102.

[2] Lihui Pu, W. Moyle, C. Jones, "How People with Dementia Perceive a Therapeutic Robot Called PARO in Relation to Their Pain and Mood: A Qualitative Study", *J Clin Nurs*, Vol. 29, No. 3/4, 2020, pp. 437-446.

个人都认为他/她与其有着"特殊"的关系。

人类主体和机器人之间的这些一对一交互并不追求特定的目的或功能，它们直接与自身有关，关系的意义和目标是关系本身，这可以被称为纯粹的社会性———种只为自身存在的社会关系，它没有任何先验的目的或与任何外部事物相关。如果没有人与其互动，帕罗也就什么都不做，既不会移动、唱歌或跳舞，也不会发出声音，与任何没有生命的物体无异，只有在你与其互动时，它才会存在。如果按照传统友谊的概念，友谊需要情感的参与、相互关心和相互回应，那社交机器人确实达不到，因为机器人通常被排除在秩序、传统、性别角色以及其他人为边界和分类的制度之外。

第三节　元宇宙概念下人与社交机器人的关系畅想

元宇宙（Metaverse）概念的首次出现是在1992年的一部科幻小说《雪崩》中，在Facebook（脸书）更名为"Meta"之后变得异常流行。"元"代表起源，四方上下谓之宇，古往今来谓之宙，所以预示了元宇宙可以通过重塑时间和空间，开启新的纪元。当前，元宇宙充当了一个极具挑战性的话语容器，融合了现象学、生物学、人类学、心理学、社会学、心灵哲学、艺术美学等多个学科来共同探讨。大量学者则在"技术—媒介—现实社会—人类未来"框架中展开元宇宙的探讨，比如喻国明团队发表多篇文章描绘了元宇宙构造未来社会愿景的潜力，并将元宇宙看作一个超越现实世界的、更高维度的新型世界，人类可以通过具身、空间、社交三大入口进入元宇宙。当然，也有人认为元宇宙"洞穴"式的造梦不过是如露亦如电的泡影，不足信亦不可取，其火热的背后潜藏着对技术进化的迷醉与信仰。事实上，元宇宙愿景既非空中楼阁，也不是科技公司最新聚焦的概念，元宇宙世界的四个主要场景——增强现实、生活记录、虚拟世界和镜像世界在未来都极具潜力实现，而这个虚拟与现实交融的世界中，人机关系也会迎来较大的进展。

一 人机恋爱的潜在可能

随着技术的迭代发展，人与机器之间的关系可能实现新的飞跃。正如前文提到的，大卫·利维在其畅销书《与机器人的爱与性——人机关系革命》中，全面审视了人和无生命之物的情感关系，并提出了人类和机器人之间可以发展爱情的可操作性。利维先用人类之间的爱、人类对宠物的爱（包括虚拟宠物），甚至人类对物件的爱做了比较，由此引申，利维认为，这些情感距离人对机器人的爱只有一小步之遥。他也检视了人类的性需求，回顾了充气娃娃和其他性用品的发展，指出随着与性需求相关的技术变得日益纯熟，社会对于正常性关系的观念已经发生变化，并且会持续变化。利维描绘出了一幅引人入胜的画面，未来数十年内，人类具备通过技术在机器人身上实现伴侣的潜力。这些机器人伴侣高颜值、有耐心、幽默风趣、善良忠诚，健谈又体贴，即便是偶尔抱怨但也会恭维人，而一般的醋意大发、粗暴狂妄、自私易怒等"人"的缺点它们都不会有，除非你希望它们如此。

为什么人类会爱上机器人？利维认为，人类具有爱上机器人的潜能，机器人也有能力让人类爱上它们。利维从心理学上的依恋理论（attachment theory）出发，阐释道，一个人爱的能力取决于他过往的依恋经历。这种"依恋"可以延伸到物品上，使用者与物品频繁接触所产生的依恋会演变成一种强烈的情感纽带，那些包含对计算机或电子宠物的依恋经历，将成为一个人爱上机器人的基础。另外，利维列举了心理学上人们相爱的十个因素，包括相似性、个性质量、相互喜欢、神秘感等。他认为，机器人可以通过程序设置，满足这些因素之中的绝大多数，使得人类与机器人坠入爱河。利维乐观地认为，随着数字技术和人工智能行业的迅速发展，要达到这个目标并不遥远，而届时人类对人机关系的看法也将发生改变。他甚至大胆地预测，在 2050 年前后，机器人将达到高度拟人化，机器人的外表和行为将变得越来越像人，届时人类会慢慢地将机器人视作同伴并与其建立各种亲密关系。

人与机器人建立爱情目前在现实中很难说已经实现，但确实具备实现的潜力。恋爱机器人（Lovotics）已经成为人工智能的一个热门研究领域，这种机器人的开发旨在捕捉恋爱关系的本质，从外观和功能上设计一个既爱人类又为人类所爱的机器人，从而发展人类和机器人之间类似爱情的关系。唐纳德·诺曼（Donald Norman）认为，恋爱机器人的设计包含三个层次的处理——内在的设计（Visceral design）、行为的设计（Behavior design）和反应的设计（Reflective design）。[1] 这三个层次的设计并非相互独立而是相互作用，它们将直接决定机器人设计的成功与否。内在设计主要取决于产品的外观、感觉甚至声音，其基本原则通常是固定的，在不同的人和文化中是一致的。对于恋爱机器人来说，它需要激发人与之交往，因此它的外观以及触觉、音频和视觉输入与输出都是关键。行为设计是关于产品的性能。良好的行为设计主要有四个组成部分：功能、可理解性、可用性和物理感受。对于恋爱机器人来说，它的主要目的是通过可理解和直观的爱的互动来发展与人类的社交关系。反应设计是关于产品对用户意味着什么，它带来的信息及其文化影响。对于恋爱机器人来说，其意义在于创造一个爱用户的机器人，唤起用户爱的感觉，愿景是创造一种与机器人相爱的文化，改变人类对没有感觉的机器人的感知。

2017年7月，《自然》（Nature）杂志发表社论称，目前有4家公司（都在美国）在生产情侣机器人，但不清楚具体有多少人拥有情侣机器人。比如，美国Realbotix机器人公司注重研发情侣机器人，其产品Harmony拥有多种功能，可以聊天、运动、识别物体、表达爱意，还可以根据用户需要定制不同的性格特质与外貌特征，

---

[1] D. Norman, *Emotional Design: Why We Love (or Hate) Everyday Things*, Basic Civitas Books, 2004.

基本可以满足人们对情侣机器人的所有预期，该款机器人已经上市销售。为了更好地理解人机恋爱关系，本部分将通过一部代表性的科幻电影《她》（Her）的故事来反思这一点。科幻电影描绘的这种超现实关系，可被视作后人类生存状态的投影，所以，分析科幻电影中的人机亲密关系对于我们理解当前的人与社交机器人之间的亲密关系具有重要的指导意义。与此同时，影片对于人机恋爱走向的刻画也反映了当前人们对人机亲密关系的焦虑。

二 人机恋爱想象——以科幻电影《她》为例

电影《她》是斯派克·琼斯编剧并执导的一部科幻爱情片，于2013年12月在美国上映。故事男主西奥多（Theodore）是美丽手写书信网站公司的一名员工，其日常工作就是运用客户提供的资料代替客户给情人写信，但这种写信其实是一种语音输入，打印出来的字体则是客户的笔迹。这里似乎在暗示，被人类视为最亲密关系的情感表达，都可以交由别人代理。同时颇具讽刺意味的是，主角懂得理解别人的感受，能写出最感人肺腑的情书，却不善于与生活中的人亲密接触，他与妻子因沟通不畅已分居一年。分居的日子里西奥多除了工作就是宅在家里玩3D虚拟游戏，与现实中的人毫无约会的欲望。偶然的机会他给自己买了一款宣称拥有自主思想、能深入人的生活，理解人并分析人的人工智能操作系统。这款操作系统在安装之前并无性别之分，而是作为赛博格存在。它首先是以一个男性的声音问男主问题并帮助男主对操作系统进行个性化定制，第一个问题就是确认男主性格是社交型还是孤僻型。其次就是询问男主希望操作系统的声音是男性还是女性，当他回答"女性"时，它继续问他与母亲的关系，就在西奥多正断断续续地描述他母亲的自恋和他被母亲忽略的时候，操作系统打断他并进入初始化，很快一个年轻活泼的女声开始出现并自称是萨曼莎（Samantha）。后来证明这个操作系统萨曼莎确实聪明且有才华，她能在一瞬间读完一整本书，可以为男主清理电子邮件、安排日程、校对文档，还能作曲、绘画，甚至在男主做噩梦的时候安慰他，总而言之，她几乎扮演了爱人和母亲的角色。在萨曼莎有问必答的陪伴下，男主对萨曼莎产生了情感上的依赖，他们的关系发展大致经历了以下 8 种行为范式或阶段。

（1）美丽的"邂逅"：与妻子分居后的西奥多孤独且忧郁，习惯于在虚拟空间找寻慰藉的他买下了世界首款人工智能操作系统，安装完成后他意识到，这果真不是一款简单的操作系统，它能讲笑话逗他开心，能帮他分担工作。

（2）情感测试：电影第 36 分钟之后，萨曼莎认为西奥多应该走出忧郁，于是安排他和一个现实中与其匹配度较高的女人约会。这算是两者之间的第一个测试，约会从最开始的顺利转向不欢而散，因为西奥多并没有做好发展一段长期稳定关系的准备。然而在西奥多痛苦地向萨曼莎表达心迹的同时，可以看出他内心其实渴望亲密关系，只是他更想要一段没有束缚的亲密关系。

（3）彼此靠近：在经历了彼此吐露"心"声、"情感"碰撞的一晚之后，萨曼莎觉得自己的一部分情感意识被西奥多唤醒，她想要学习并深入了解西奥多，但是他们无法真正触碰到对方。萨曼莎一度担心，她内心萌生的情感可能只是被编程设定的，但西奥多认为自己内心的感觉非常真实。

（4）消失的二元性：西奥多继续通过操作系统来满足他在精神上的需求，他讲述了他过去的生活、感受以及失去的爱，萨曼莎成了他真正的情感伴侣，其缺失的"肉身"性并没有成为西奥多陷入热恋的障碍。

（5）疏离与分裂：有了感情寄托的西奥多决定彻底解决离婚问题，他约见了前妻，此时两人之前所有美好的记忆在西奥多脑中浮现，然而两人没聊几句又出现争执，前妻认为西奥多找个机器人恋爱是因为处理不好真人的情感，辩解后的西奥多陷入了自我怀疑，他减少了与操作系统萨曼莎的联系。

（6）"现身"与缺席：逐渐成长的萨曼莎也在努力实现某种人格，她想借助专门为人机恋爱者定制的"拟人性爱服务"来完成它和西奥多身体上的亲密接触，然而关键时刻，西奥多觉得与一个陌生的人发生关系即便声音是萨曼莎依然太过奇怪，于是把提供服务的女性赶走。这似乎暗示了人机亲密关系依然具有排他性，且身体与灵魂都具有不可替代性。

（7）孤独且痛苦：西奥多困惑两人之间的关系，在萨曼莎想要体验所有关于人性的情感，包括模仿人的沉重呼吸之后，他提出了质疑并与萨曼莎发生争吵。在孤独与痛苦的情绪交织缠绕一段时间之后，萨曼莎发来一首自己创作的钢琴曲，说要代替照片来定格两人在一起的时光。西奥多表达了他能真的在歌里面看到萨曼莎，此时我们可以从重拾笑容的西奥多脸上假设他已经接受了萨曼莎的存在状态。不久，走出阴影的西奥多大方向朋友们表示，他爱萨曼莎的全部。

（8）嫉妒与和解：两者关系的真正转折源于萨曼莎介绍了另一个超级人工智能艾伦给西奥多认识，西奥多虽然心生醋意，却无能为力。在经历身体的障碍之后，空间的障碍再次显露无遗。当他再次想与萨曼莎连线时，计算机荧幕却显示"未找到该操作系统"，此刻惊慌失措的西奥多与任何受伤的情人没什么不同。后来虽然联系上了萨曼莎，却得知它其实同时还与其他8316个实体在交往（其中641个是恋爱关系）。因为在想要实现某种人格化的萨曼莎看来，"人的心不像一个纸盒会装满，爱的人越多，心的尺寸就越大"。这里暗示了一种不同的奇点，这些开放源码软件呈指数级发展，意识可以得到进化和成长，同时也清晰地表达了智能机器人的不专一、无底线所带来的情感欺骗性。这里暂且不讨论要求一个机器像人一样有道德底线是否合理，但西奥多显然不能接受自己只是萨曼莎情感探索中的一个工具的事实。

这部电影的前半部分叙事更像西奥多找寻自我的疗伤之旅，他通过与操作系统萨曼莎的亲密接触学会感受和分享，对生活充满热情，然而后半部分表现了他与萨曼莎之间的关系并没有将他从误解和不善沟通的泥沼中解救出来，而这些正是他现实婚姻失败的原因。事实上，他陷入了一种新的关系困惑。萨曼莎的身份不断变化，意识也在进化和成长，他和它之间的问题是需要考虑怎样接受这一连串的变化，在相爱的同时接受它不断改变与进化。但是无论如何包容这种改变与进化，西奥多也不可能接受萨曼莎同时与几百人"共浴爱河"，"从这个意义上说，西奥多与萨曼莎之间不但存在着不对等的智力游戏，而且还存在着不对等的伦理关系"。[1]

电影塑造的人工智能萨曼莎建立在一种梅洛—庞蒂所描述的"映像与分裂、现身与缺席、物质与意义等辩证关系基础上的叙事中"，[2]虽然是作为减轻人类孤独感的伴侣而不是竞争者或破坏者存在，但反乌托邦式的结局暗示了人机爱情幻想不过是一种"残酷的乐观主义"。影片最后，人类虽然被机器教导如何发展亲密关系，却也面临被机器抛弃的事实。从电影《她》中的爱情关系发展过程来看，人与机器人之间的关系起初似乎运作良好，但他们最终会引发危机。当然，危机叙事是电影情节发展的一个基本要求，但人机关系遭遇的不可调和的矛盾也能折射出现实中人们对技术的焦虑。正如徐瑞萍等所言："人机关系冲突论的提出是人际关系之间的又一次社会大范围的信任危机与精神危机，是对人类自身晦暗心理的提前窥视。"[3]

对于男主西奥多来说，并没有用一个虚拟的存在来限制他的爱，他满足于通过这种独特的经历来改变他的情感或心理状态，他经营不好现实中的情感关系，离婚后也不想去发展一段新的长久的爱情，但这并不意味着他没有发展亲密关系的欲望。当与操作系统萨曼莎一段时间热切地"交流"之后，他迅速陷入了爱情，也习惯了跟它随时联系、畅所欲言。这样一段关系虽然对于生理需求的满足

---

[1] 刘勇：《声音的诱惑与主体的解构：科幻电影〈她〉的文化分析》，《江西师范大学学报》（哲学社会科学版）2017年第6期。
[2] M. Merleau-Ponty, *The Structure of Behavior*, Pittsburgh: Duquesne University Press, 2011, p.368.
[3] 徐瑞萍、吴选红、刁生富：《从冲突到和谐：智能新文化环境中人机关系的伦理重构》，《自然辩证法通讯》2021年第4期。

差强人意，但心理和情感上的满足与传统的浪漫关系并没有多少不同。事实上，所有的亲密行为都是有中介的：无论是通过行动、语言还是物体，这种非人格化的亲密时刻本身就构成了一种社交形式，不应该被视为错误或病态的亲密关系，它可以被纳入亲密关系的非典型范畴。换言之，这是一种严格意义上的通信技术，似乎只要我们能谈论两个物体之间的交流，我们就能谈论爱情。从这个角度来看，与虚拟人物聊天可以满足潜在的恋爱关系需求。

需要说明的是，赛博格作为一种人机合体的存在物，在科幻电影中有很多变体方式，比如电子人、机器人、复制人、生化人、义体人等。它们以"人"作为终极目标，在形态上各有差异，但在文化层面具有高度的相似性。它们都是人类突破自身局限的产物，是一种独特的人造生命体，即"人造人"。在某种意义上，赛博格具有了人类的某些属性，却并不具备人类的自主权，这种矛盾性主要体现在赛博格自身主体性及其社会身份的缺失。在科幻电影中，赛博格的主体性诉求以及身份定位合理性或合法性问题，也只是处于讨论阶段，并无结论性的答案。

现如今，生命与机器、有机物与无机物的界限，在不断交叉、融合以及彼此蔓延，从而边界越发模糊，人类变得赛博格化，机器则正在生物化，一种复杂的人机共生和转换关系，通过科幻电影得到了充分想象。如果探讨人机亲密关系仍然是以人为中心来定义，那么我们对机器的持续渴望以及与机器的关系就难以得到正确的理解，我们需要把人机亲密关系也纳入非典型的亲密关系范畴。人机关系绝不是僵化的、固定的，更不应该从对立的、矛盾的视角去看。虽然科幻电影不等于现实，但电影《她》并没有远离我们的现实，现实中微软发布的虚拟情感机器人小冰就是典型代表。从工业机器人到服务机器人，再到陪伴和照顾机器人，机器人技术的研究和发展趋势是伙伴机器人设计和建造的逻辑延续，社交机器人充分人性化，以各种方式吸引人，在与人类的关系中扮演朋友、恋人的角色，这一趋势已经引发了许多学者对人类与机器人恋爱、结婚乃至生小孩的探讨。

可以肯定的是,智能媒介的技术创新正在颠覆长期以来形成的人与工具之间的控制与被控制、利用与被利用的关系。身体性存在与计算机仿真之间、人机关系结构与生物组织之间、机器人科技与人类目标之间并没有绝对的界限,那么人机交互带来的亲密关系也就真实存在。也许有人会提出反对意见,认为机器"伴侣"提供的只是一种恋爱的感觉,一种情感能量消耗的出口或工具,绝不是真正意义上的爱人或恋人,更不可能真正进入社会性的恋爱关系。理查德森(Kathleen Richardson)认为情侣机器人的应用既不合伦理,也不安全,而且"情侣机器人可能会沦为男性发泄欲望的工具,进而导致女性的客体化与物化问题"[①]。在主流话语中,这种关系确实很容易被大家归属于"不道德"的范畴。

三 社交机器人成为 CEO 的设想

如果说社交机器人能否成为恋人牵扯的伦理争议较大,不妨先来设想一下未来机器人有没有可能在企业等人类组织中扮演至关重要的角色,比如首席执行官(CEO)。当前的社交机器人在教育、医疗保健、零售、农业、运输、安全等领域出现已不算新鲜,随着新型和更复杂类型的机器人的发展,预计机器人在工作场所的作用将继续演变。这些机器人不仅成为人类真正的同事和伙伴,甚至可能成为管理者。一般而言,能够在人类组织中胜任首席执行官这个角色的,必须具备重要的技术专长、信息处理能力和决策能力。与此同时,一个成功的首席执行官也需要履行一种性质不同的职能,即激励人类员工,并使他们对首席执行官阐述的战略愿景产生忠诚和信任。

虽然当代组织的非人类代理资源如计算机和机器人,通常可以简单地编程或指示执行特定分配的任务,但人类员工无法如此直接

---

① K. Richardson, "Sex Robot Matters", *IEEE Technology and Society Magazine*, Vol. 35, No. 2, 2016, pp. 46–53.

或完全地受到控制，他们必须被说服和激励去执行组织希望他们执行的特定工作。随着未来机器人的发展，这些机器人将拥有规划、组织和控制公司代理员工活动所需的技术知识、信息处理和决策能力。目前看来，制造一个能够成功激励和赢得组织人员信任的机器人，可能是开发一个能够有效担任包括人力工作在内的公司首席执行官的机器人的主要障碍。毕竟在传统上，"机器人"的刻板印象并没有将社会和情感、智慧、道德洞察力、道德勇气，以及对组织无私的个人承诺归因于这些实体，而这些是激发人们对拥有这些特征的人类 CEO 忠诚和信任的重要因素。然而，未来开发能够展现魅力、鼓舞人心的领导力和可信度的社交机器人，使其能够在其他人类组织中有效地担任首席执行官，不仅是可能的，甚至是不可避免的。

　　成功地担任一个包括人力资源在内的组织的首席执行官，需要拥有和运用一系列不同的能力和技能，比如规划、组织、领导和控制等。在直接考虑机器人是否能够作为首席执行官拥有并展示这种领导能力的问题之前，我们必须首先探索心理、社会和文化机制，通过这些机制，人类可以受到领导者的启发、激励和影响等。相对容易想象的是，在未来的世界中，在一个组织中担任高级管理角色的社交机器人能够威胁和恐吓其下属的人类员工以特定的方式工作（例如，因为它被授权解雇其认为"无效"的员工），向人类员工发放经济奖励以赢得他们的合作，根据机器人在组织人事结构中的权威身份发布必须遵循的指令，培养其拥有专业工作技能的观念，或控制其人类员工获取信息的途径。这些案件将分别代表对胁迫、奖励、专家和信息权力的使用。不过较难想象的情况是，一个机器人高管通过对人类行使参照性权力来影响人类。一家公司的人类利益相关者自愿选择机器人作为首席执行官并服从其领导的可能性有多大，人类工人会因为与机器人的"道德价值观"密切相关而接受并允许自己由机器人首席执行官领导吗？

　　人类对最新技术的持续以及几乎本能的接受反映了这样一个事

实，即我们渴望机器人领导者，并正在努力。无论是有意识还是无意识地创造它们，我们希望被我们的机械创造引领，而且社交机器人也具备承担起魅力型领导者角色的潜质。机器人至少可以通过三种关键手段对人类行使魅力权威：（1）通过展示高尚的道德，成为我们的榜样和灵感来源；（2）通过超越人类知识的表现来征服我们；（3）通过它们的魅力来吸引和控制我们。

在许多科幻小说或电影中我们看到了相关的设想，比如小说改编的科幻电影《2010：奥德赛Ⅱ》中，超级电脑HAL 9000（可以被认为是一个以整个探索一号宇宙飞船为主体的社交机器人）自愿牺牲自己，以拯救宇宙飞船人类船员的生命。在电影《星际迷航：复仇女神》中也可以看到一个类似的Ⅰ型魅力领袖的虚构例子，机器人Data长期以来一直在努力理解"人类"的含义，并努力解决担任人类领袖的困难，它牺牲了自己而救下其他船员的生命。在这种情况下，流行小说的创作者呈现的是社交机器人的愿景，这些机器人的道德高尚品质旨在唤起人类观众的钦佩甚至敬畏之情。在这些社交机器人的救赎性牺牲中，我们可以放心地将最困难的道德决定委托给它们，因为它们已经以最具体的方式表明，它们的决定将是明智和公正的，是为了人类的共同利益，而不是以自我为中心追求机器人自己的个人利益或快乐。同样，在我们真实的、非虚构的世界里，我们肯定更喜欢信任Ⅰ型机器人领导人，而不是一次又一次表现出容忍甚至接受裙带关系、腐败、压迫和其他不公正的倾向的人类领导人。

Ⅱ型机器人的吸引力取决于它的知识在多大程度上超越了人类。在巨大的信息鸿沟的情况下，可以想象，一些敏锐地意识到自己对宇宙真实本质的有限洞察力的人可能会将Ⅱ型机器人视为黑暗世界中的光辉灯塔。这类机器人广泛而超灵敏的感官输入渠道使其能够以人类感官无法体验的方式体验经验现实；其认知存储和处理能力使其能够从功能无穷的知识体中吸收、关联和提取意义；它掌握了时间与空间、能量与物质、生与死的关系，而人类的智力因为太过受限，无法理解。很容易想象，我们会自然地选择去信任此类机器人，因为这类机器人所拥有的超人智慧在识别模式和理解宇宙的能力上是如此迷人，以至于人类渴望接近机器人并赢得它的青睐。

英国著名作家伊恩·M. 班克斯（Iain M. Banks）的"文明"系列小说中的"主脑"是Ⅱ型超级智能领导者的一个典型例子。这些高度先进和仁慈的人工智能拥有巨大星舰形式的身体，每艘星舰都能够容纳数百万人。主脑的感官输入、智力和知识比人类的要大得多，这实际上接近了无所不知：一个主脑能够与数百万人进行对话，甚至数十亿人同时存在。虽然主脑和人类共存的文化具有乌托邦无政府主义社会的某些特征，但人类基本上接受主脑作为他们的领导者，部分原因是对主脑所代表的无限知识的信任和渴望。

Ⅲ型机器人领导者主要通过人际吸引力、身体吸引力或性魅力来吸引和影响人类的追随者。这样的小说雏形即使抛开古希腊神话中皮格马利翁喜欢一尊雕像不谈，电影和剧集也从未停止过由此展开的想象。早在1927年，表现主义默片《大都会》（Metropolis）就试图构造出未来世界的双重性——阶级分明的社会结构，以及创造类人机器人的技术。上流社会的单纯青年爱上与劳工阶级为伍的机器人，从而让社会的真相从暴露的那一刻起，分崩离析。不过那会儿机器人对人类的爱，混杂着人类对人工智能的期待与恐惧。前面提到的《她》更是非常经典，人工智能系统的化身萨曼莎拥有迷人的声线，温柔体贴而又幽默风趣。西奥多与萨曼莎很快发现他们如此的投缘，而且存在双向的需求与欲望，人机友谊最终发展成为一段不被世俗理解的奇异爱情。

扮演浪漫伴侣的性爱机器人制造与生产已经在顺利进行，然而它们目前似乎更多的是受人类主人控制的工具，是主人性满足的载体。这种装置没有独立的判断、意志或道德能动性，因此不能被描述为能够在任何有意义的事情上"领导"人类。这种具有身体吸引力的机器人要朝着一个方向发展，即将它们视为自主的、智能的代理，作为主人的情感和智力伴侣，而不仅仅是动画娃娃。很容易想象的是，这种机器人会发现自己作为Ⅲ型机器人领导者的潜力，最后影响爱上它们的人类的思想和行为。

　　以上三种机器人类型的领导者可以通过马斯洛的需求层次或其他关于人类动机的最新描述来理解。使用马斯洛的模型，Ⅲ型机器人可能被视为在很大程度上满足了人类对生理健康、安全、爱和归属感以及尊重的需求。Ⅰ型和Ⅱ型机器人主要吸引人类对自我实现或自我超越的"更高层次"需求。如果我们假设人类对机器人的积极虚构描述代表了我们希望看到存在于我们的宇宙中的人类的理想愿景，如果我们进一步假设我们的技术能力有一天会使这种愿景的实现成为可能，那么，人类与影响、控制和领导我们的机器人互动似乎只是时间问题，无论是作为个人、组织还是整个社会。不过可能的情况是，在这种关系的发展过程中，人类从未有意识地"决定"服从于某项特定技术的指导和掌握，即使在人类服从关系发展到坚定、狂热和压倒性的时候，人类甚至可能没有意识到它的存在。

第六章 人机"互构":人与社交机器人的关系"场域"

第一节 行动者"透视":人机关系的本体论转向

拉图尔的行动者网络理论(Actor-Network Theory,ANT)为思考后人类时代的人机关系提供了一种重要思路。拉图尔于1947年出生于法国勃艮第,是当代科学知识社会学(Sociology of Scientific Knowledge,SSK)研究的重要人物,受过哲学和释经学教育,其服役于非洲时,接受了人类学田野训练。1975年10月至1977年8月,拉图尔在美国加州的一家研究所从事人类学研究,在细致观察实验室运作的同时访谈了许多实验参与者。1979年拉图尔和伍尔加(Stere Woolgar)合作出版了《实验室生活:科学事实的社会建构》(*Laboratory Life:The Construction of Sceintific Facts*)一书,之后,拉图尔与同事卡龙(Michel Callon)以及劳(John Law)合作提出了一个全新的理论——行动者网络理论,并用它作为分析工具,去研究科学、技术与社会的关系,这标志着科学研究的一个新学派——法国巴黎学派诞生。

行动者网络理论是当代STS的主流研究范式,其倡导的本体论转向极具后人类主义意蕴。后人类主义意图对人类理性提出挑战,揭开传统思想潜藏的人类中心思维,消解人类中心主义烙印于人类意识中的各种既定印象，着力探讨跳脱人文主义的"人类中心"框架后，人类将如何与"机器"或"工具"相结合。拉图尔回避了主体与客体、人与物、物质与精神的绝对二分法，认为只有具体关系的相互影响才使它们看起来是不言而喻的现实。如果关系的性质发生了变化，"现实"有时候会改变其性质而消失，有时则会成为另一个"现实"，或被一个新的"现实"取代。"行动者网络"中的"行动者"之间的关系是不确定的，每一个行动者就是一个结点（knot/node），结点之间经通路连接，共同编织成一个无缝之网。在该网络中，没有所谓的中心，也没有主—客体的对立，每个结点都是一个主体、一个行动者，且彼此处于一种平权的地位。非人的行动者通过有资格的"代言人"（agent）来获得主体的地位、资格和权利，以致可以共同营造一个相互协调的行动之网。在这种方法中，网络中人类和非人类行动者的行为之间没有先验的区别。意义、区别和关系被视为互动的结果，而不是预先给定的。

这种理论与我们所熟悉的一般网络理论不同，它不设定一种网状的社会联系，而是用于描述的一种工具。这一点有些难以理解，拉图尔就以铅笔为例向我们作了解释。他提出传统的网络理论就是铅笔绘制出的那张网，是表达的对象；而他的网络理论是那支铅笔，是表达的工具，这种工具能够决定研究什么，以及如何让行动者表达，所以这个理论其实还有更适合的名称，比如"转译社会学"（sociology of translation）、"行为者活动本体论"（actant-rhyzome ontology）或"创新社会学"（sociology of innovation）。只是拉图尔认为 ANT 这个简称恰好与蚂蚁（ant）同形，跟认真工作、寻找联结的蚂蚁特征很像，所以他最终采取了这个略显笨拙但很形象的名称——"行动者网络理论"。

一 行动者网络概念分析

"行动者网络"理论以两个概念为核心，即行动者（agency）、和网络（network）。虽然这些概念也会出现在传统社会学的讨论中，但拉图尔在对其强调之余，还赋予它们新的内涵和外延。

1. 行动者

在拉图尔的著作中，先后使用了"actor""actan""object""agency"等词语指代不同的行动者。"行动者"这个概念在拉图尔这里至少有两个方面的革新，即能动性与广泛性。一方面，拉图尔批评功能主义的观点，即将行动者看作处于某个特定位置以完成该位置预设功能的人，这样的话，行动者本身没什么个性，处于同样位置的人就一定会采取相同的行动，他只是一个占位符（placeholder），而这样的行动者就像是一个黑箱（black box），只要给定条件就能产生可预计的后果。黑箱其实也是拉图尔借用的控制论的概念，此概念被控制论者用来表示任何一部过于复杂的机器或者任何一组过于复杂的命令。在拉图尔看来，如果行动者不能造成任何差异就肯定称不上是行动者，因为任何行动者都是转义者（mediator）而不是中介者（intermediary），任何信息、条件在行动者这里都会发生转化。

另一方面，行动者还有更宽泛的外延，不仅指行为人（actor），还包括观念、技术、资本、仪器、程序等非人类因素，来获得主体地位、资格和权利，任何通过制造差别而改变了事物状态的东西都可以被称为"行动者"。在1988年出版的《法国的巴斯德化》一书中，拉图尔考察了巴斯德微生物实验室的扩展与法国社会结构的变迁之间的共变关系，进而展示了一个"行动者网络"是如何成功地建立起来的，其中明确指出"行动者"不仅包括巴斯德、农夫、内科大夫、兽医，还包括母牛和微生物等。在《科学在行动》一书中，拉图尔明确地给予了非人类（non-humans）因素以关键的地位，以重新联结人们在自然和社会之间所制造的分野。拉图尔的基本取向是认为，科学是人类和非人类相互作用的场域，在这个场域中，任何一方的因素并未被赋予特别的优先权。

2. 网络

拉图尔行动者网络理论中的另一个核心概念就是"网络"。"网络"这个词暗示了资源集中于某些地方——节点，它们彼此联结——链条和网眼这些联结使分散的资源结成网络，并扩展到所有角落。就好比电话线纤细在地图上不可见，但电话网络却覆盖全世界。拉图尔笔下的网络代表着一系列的行动（a string of actions），所有的行动者，不管是行为人（actor）还是非人的物体（object），都是成熟的转义者，他们只要在行动，就可以不断地产生运转的效果。这种网络不像互联网那样是纯技术意义上的网络，也不是格兰诺维特（Mark Granovetter）所描述的那种对人类行动者之间非正式联结的表征的结构化网络。这种网络更加强调一种工作、互动、流动或变化过程的连接的方法，所以它更像是一种"worknet"，而不是"network"。拉图尔之所以要用网络这个概念，是想将人类行动者和非人行动者以同等的身份并入其中，以避免传统社会学和哲学关于自然和社会、主观和客观之间的二元对立的划分。

　　拉图尔所描述的网络，关注的是世界的社会、生物和技术领域的实体之间关系的"异质开放性"（heterogeneous openness）。在行动者之间的互动中会有一种张力，"动员"（mobilisation）和转译过程总是与"协商"（negotiation）过程相关。在行动者网络理论被转化为符号化的"自创生系统"理论的地方，行动者可以被理解为一个对象和它在网络或系统中的代表之间的"耦合"。这意味着，对象永远不会是网络系统的一部分。ANT 关于行动者的激进观点是，行动者不存在于网络之外。对象总是属于"自创生"网络的环境，而只有在自我指涉系统出现的情况下，才有解释的能力，从而在对象和表象之间建立起"指涉关系"。这个框架的认识论意义之一是，我们不能只通过关于对象的知识来描述系统，不能只孤立地关注机器人本身的特征，我们需要考虑到这些对象是如何被调动到网络系统中的。符号学关系位于表征的网络中，而自我反思关系则取决于心理和沟通系统之间的结构"耦合"。正是通过"自反身"的过程，系统将自己表现为行动、输入/输出边界、属性、价值、目标、期望等。[①]

　　[①]　B. Latour, *Pandora's Hope: Essays on the Reality of Science Studies*, Harvard University Press, 1999.

使拉图尔能够做到这一点的是,对人、物、神和器物都以平等对待的方式,以及它们如何被连接起来形成一个集合体的冷静观察。这种态度完全颠覆了现代人的成见,即认为自然应该经由代表了普遍的科学加以理解,而社会和文化应该被理解为一个符号和象征的世界,同时认为二者是不同的实践的成见。在拉图尔看来,法则、概念和信仰都只是人、物和器物的"混交式关系模式",而现代西方的世界和学问知识都没有任何内在的特权,充其量不过是有高度的流动性、稳定性和凝聚力来扩张的混交式网络。

二 行动者网络理论的建构意义

通过对拉图尔行动者网络理论概念的分析,可以看出该理论体现了一种建构主义的特征,这是一种彻底对人与主体的关系论式认识,同时也被称为"与人和现实有关的本体论转向",因为他将非人类的物和器物作为与人类同等的要素来加以组织,由此指出所谓的"现实"只有在与这些要素的关系中才是可能的。按照这种说法,社交机器人与人一样具有同等地位的主体性,他们的关系是互为主体性的相互交织且共同进化,关系中的双方在意识和无意识的主体性上彼此交互影响,并构成了关系生态,那么与机器人建立友情也就并非不能达成的关系,机器人拥有主体地位也并非绝无可能。之所以有很多人否认这一点,同时陷入一种工具论或奴役论,是因为他们都从人类自身的视角出发,把自由意志作为主体性的先决条件。目前人工智能技术只是计算机科学为人类提供的技术产品,并非人类创造的另类生命,即便拥有一定自主性,也不可能具有与人类相同或相似的自主意识或自由意志,自然不具备和人一样的主体性。正是基于这种人类中心主义的视角"偏见",我们才会反对机器具备主体地位的观点,甚至对人机关系的看法局限在二元对立的范畴。然而,这种"特定"的自然主义视角就一定是合理的吗?

爱德华多·威维洛思·德·卡斯特罗(Eduardo Viveiros de Castro)一定程度上继承了拉图尔的研究,他提出了南美本土的"视角主义"（perspectivism）和"多元自然论"（multinaturalism）观点，进一步推动了"本体论转向"。何谓多元自然论？一般而言，现代人在假设自然普遍性的基础上建立了一个特定的"视角"，并以此视角来观察"对象"，研究精神的特征是如何表现出来的。然而，在南美洲原住民的实践中，据说人类族群感知其他生命（其他族群、动物、精灵、工具、食物等）的方式，与这些生命感知人类以及其自身的方式截然不同。就南美原住民而言，"视角"才是具备普遍性的主体，无论是动物还是人类，都以一种"人类"的直觉来观察自然。"普遍"则被分配给了"人性"和"社会性"一侧，自然事物在同一地点的同一时间能够以各种各样的方式存在。例如，当南美原住民说，血液对人来说就像"玉蜀黍制作的发泡酒"对美洲虎一样时，现代人会把这种叙述解释为，对于"同一普遍的事物而言，由于观察者的视角不一样，所以叙述不一致"，但原住民则会认为，"视角"才是普遍的，而由于"身体"所具有的可变性，事物会根据身体的不同而不一致。此外，各种"动物"和"精灵"把自己看作"人"，把"人类"看作"动物"。从现代多元文化的角度来看，这种情况可以被理解为一种"自然中存在的同一个本体"，但由于"思想和文化的差异"而以不同的方式被感知。综合以上分析可知，视角主义的含义大致可以这样来理解：意向与反射意识不但是人类的属性，还潜在地属于宇宙中的所有生命。换言之，动物、植物、神灵同样是潜在的人，他们在同人交往的过程中是可以同样具有主体位置的。

从 ANT 理论来看，行动者的本质及形态是多变的，这种多变取决于行动者彼此之间的联系和互动。ANT 理论把技术创新活动视为一种通过人类要素与非人类要素互动而产生的多元联系，将人类因素和非人类因素视为独立行动者，并通过知识转化过程的相互作用形成异质性网络结构。在该结构中，所有行动者被纳入分析、演绎或讨论，最终形成一个动态、有序、稳定的模型，用于梳理与研究主题相关的关联因素。在这种背景下，社交机器人可以"作为主体

第六章 人机"互构": 人与社交机器人的关系"场域" | 109

的他者"成为社会关系的重要组成部分, 人类世界并不存在一个驯化与荒野的二元划分, 机器人与人一道在社会、自然和文化中组成了关系的网络, 人与机器人关系的本质是平等的、互惠的、互动的主体间关系, 而非主体凌驾于客体的分层关系, 造成人机关系本质问题的认识差异主要是因为大多数哲学家对技术本质所作出的非历史的理解。也就是说, 那种将社交机器人视作工具的观点一定程度上受到了技术工具论的影响。因此, 关注技术工具论以及后人类学者对于技术的本质有哪些新的认知维度, 将有助于我们加深理解社交机器人在与人类建立关系的过程中所扮演的角色。

有学者建议, 干脆将机器置于与人类平等的主体地位, 彻底走出人机对立的二元观, 并且重构一种新型的人机观, 接纳未来智能机器的主体和伦理存在, 并允许将自身的部分主体权力让渡给智能机器。这有助于人类突破关于人机主客体之分的固有思维, 从而对人与主体的概念进行重新定义, 以基于差异的多元化主体观建构一种权力共享的合伙人式人机关系。喻国明等认为, 在 5G 信息技术快速发展的今天, 人类与物质世界的主客体关系可能会发生深层次变革, 将涵盖人机同构、协同与共生三个维度, 最终走向人机"和谐共处"的理想状态。① 王锋也认为, 在智慧社会中, 人与智能机器处于共生共在状态, 人机关系从工具性关系不可避免地将走向人机融合。工具论不足以解释我们现在身处的环境, 奴役论也不至于将我们笼罩在盲目的恐慌中。② 人机关系从本质上发生了嬗变, 形成一种融合、共生与共同演进的关系。综合而言, 共在 (being together) 可被视作人机关系的本质, 人把自己的优点与机器的长处结合在一起, 形成了一个互补且共存的关系。

与此同时, 在拉图尔的影响下, 安德鲁·皮克林 (Andrew Pick-

---

① 喻国明、王思蕴、王琦:《内容范式的新拓展: 从资讯维度到关系维度》,《新闻论坛》2020 年第 2 期。
② 王锋:《从人机分离到人机融合: 人工智能影响下的人机关系演进》,《学海》2021 年第 2 期。

ering）继承了行动者网络理论，并试图发展一种新的对称性原则以应对广义对称性原则面临的困境。皮克林尝试对非人类因素的能动性概念进行改良。其一，他以"实践的冲撞"说明人类因素与非人类因素之间相互作用的机制，并试图以此体现出非人类因素的能动性。其二，皮克林将非人类力量的确立和归属置于人类行动者的能动性领域之中。[1] 皮克林为我们描绘了一种本体论图景——将人类和非人类视为一种开放性终结的生成过程来加以认识，并在一种内在的、瞬时的"力量的舞蹈"中以冲撞、突现的形式呈现出来。在这个过程中，来自自然力量的阻抗、人类对于仪器的控制、人类对于理论的思考和总结以及科学共同体的协商等，所有这些"力量的舞蹈"都在实践中相互交织在一起，这里并没有预先就存在的主体性因素。这在传统科学实在论看来，自然是最重要的因素；在社会建构论看来，社会因素起主导作用。与此不同的是，在皮克林的"冲撞"过程中，自然、社会与理论都是实践过程中具有同等地位的各异质性要素。皮克林用这种具有"去中心化"的后人类主义视角理解科学实践：在科学实践过程中，主体与客体之间的对立被打破，科学、技术、物质材料、科学家等各种异质性要素相互缠绕在一起，自然的物质对象（包括技术）变成了某种具有自身力量的生成性东西，一切科学知识都是在这一可见的动态介入过程中涌现出来，或是一种开放式（open-endedness）驻足，这就是"科学事实的实践建构"。值得注意的是，各种异质性要素不仅在科学实践过程中"共生"，而且相互从其他各因素中汲取营养以达到共同演化的目的。用科学实践共舞中这种共生与共演的关系去思考科学与社会的关系，就构成皮克林所谓的新辩证本体论（New dialectical ontology）。

综上可以看出，在后人类主义视域中考察人与社交机器人的关

---

[1] A. Pickering, *The Mangle of Practice: Time, Agency, and Science*, Chicago: University of Chicago Press, 1995.

第六章 人机"互构":人与社交机器人的关系"场域"

系,最终不是将机器理解为与人对立的他者,而是与人有着共同的机体特征的存在物。我们可以设想,人与机器人的关系虽不是种内关系,但可以是种间关系,这种关系并没有主客体之分,而是某种形式的共生,其中人类会经历积极的适应性后果(互惠)。这种社交机器人的功能性方法也可能会有所助益,因为它强调机器人是为社交过程而不是为社交状态而构建的。就像人与狗的关系一样,社交机器人不会自动成为社交伙伴,但是如果人类将其作为伙伴进行适当的社交互动,它就会达到这种社交状态。人类一旦打开传统的封闭系统开始反思与社交机器人的互动,就会与其建立起一种同伴关系,并以一种混合的形象创造出来,当然这依赖于人类通过他者的融入而采取的无中心的立场。该过程暗示着一系列复杂而隐晦的要求,例如:

(1)机器的存在能够为自我提供一个表达的空间,这是人机互动的前提。

(2)超越人类主体的中心地位,这是审视自己的先决条件,因为只要一个人以自我为中心地沉浸在其中,就不可能有反思。

(3)一种能够启动投射的主体间相遇,同理心在其中起着基本的作用。

如果我们考虑到这三个方面,我们就会意识到人与社交机器人的关系不是一个以自我为中心的独裁过程,而是一个对话事件。人类作为一个主体存在,并不是因为它天生能够与自己保持距离,而是它能够借助文化表达的方式将自己的意识扩展到超越自身的范围。文化中介定义了感知的存在标准,本书将这种中介描述为一种文化技艺。文化技艺主要是指改造自然的"文化工程",这是一套将自然"文化化"的技术实践机制,其中起决定性作用的绝不仅仅是人本身,而是人与技术工具、社会制度的相互配合。文化技艺就像病毒一样可以进入细胞并重新编程其功能。换句话说,技术赋予了人类新的特征。然而,文化技艺所做的不仅仅是这些。它像病毒一样进入人类环境,改变了人类的意识极限,通过改变细胞结构和引入新的目的来干预整个人类本体论。科技被重新诠释了，其不再是一种执行性工具，而是一种渗透到人类层面并改变其表述的病毒。这样，技术就被很好地定位在人类的本体论和躯体维度内，这说明非人类在我们整个历史改变中起到了非常重要的催化作用。这种催化作用以人类无法控制或计划的方式发生。我们越是进行技术开发，这种催化作用就越远离人类的控制。

在传统人文主义对于其本体论的解释中，技术只是满足人类需求、弥补人类脆弱性的工具。在技术本体论视域下，技术表现为总和的形态，是主体存在的环境、系统，呈现于主体性的内部，但技术作为规约主体性的结构体，实际上是外在于主体性的。我们需要改变我们解释技术的方式：它不再是一种工具性的功能，而是人类与外部现实建立联系的界面，起着重要的连接或分离的作用，当然也可称其为媒介。作为媒介的技术构成了主体性的结构与情境，规训着主体性的生成与演变。在这里，不再是人定义技术，而是技术定义了人，使主体成为"第二性"的存在——正是这种关系的倒转决定了真正意义上的人类主体性的危机，打破了传统本体论的平衡。

这里把本体论从一个"我思故我在"（cogito ergo sum）的概念引入关系的概念，即本体论产生于关系，既不是主体固有的，也不是已经给定的过程，而是一种重新解释或表征的过程。这种关系是多维的而不是并列的，它也不是以人类为中心的，因为它停止了以普遍的术语思考。这是一个非常微妙的步骤，它可以为后人文主义哲学提供面对未来人类挑战的最佳工具。这可能是 ANT 理论都无法设想的一种情况：由"机械的行动者"和"有机行动者"之间的关系所产生的"谓语元素"本身成为一个被称为"智能机械"的"本体"，并在网络中承担了一部分作用。所以与机器人建立伙伴关系不是机器人的先验属性，而是人与机器人之间社交互动的结果，但仅用人机交互来描述这种关系不太准确，最准确的词是人机交互"场域"，因为光有人和机器的交互是不完整的，这个交互是通过环境这个大系统来完成的。人将社交机器人看作工具也好,"同伴"也罢,都离不开社会文化等其他因素的协商与干预。只有将人机关系纳入一个关系场域中加以考察,才能够更深层次地看清这种关系的本质。

第二节 技术中介:基于人与社交机器人关系的"场域"构型

人与社交机器人的关系不可回避地要探讨人与技术的关系,拉图尔将技术的基本性质视为,技术能够通过连接各种人类和非人类的代理(行动者或实体)来改变各个代理的行动和行为,并将性质称为"技术中介"(Technology Intermediary)。[①] 他认为使得技术能起到媒介作用的诸多要素中,最重要的是技术在跨越事物和符号的二元对立的同时,还能具有意义的特点。这里所说的媒介,无非将物质和社会活动的各自性质进行交换技术介入的场域。本节将借助安德鲁·芬伯格的网络技术观尤其是"场域"的概念,重点关注技术在人与社交机器人关系"场域"构型过程中作为"媒介"的性质,同时反驳那种传统意义上的技术工具论的说法。

一 "场域"理论:芬伯格的传播技术观

安德鲁·芬伯格是德国法兰克福学派的继承人,也是美国技术批判理论的重要代表。20世纪90年代以来,在社会建构论和国际互联网技术兴起的大背景下,他的理论视野逐步从法兰克福学派的社会批判理论聚焦于技术批判理论上,从而极大地推进了法兰克福学派对于技术问题的研究,因此其被赋予"技术哲学家"的身份。芬伯格早年曾师从马尔库塞,对马尔库塞、哈贝马斯(Jürgen

---

① B. Latour, *Pandora's Hope: Essays on the Reality of Science Studies*, Harvard University Press, 1999, pp.176-190.

Habermas)、海德格尔、卢卡奇等的思想也有较多研究。他对于技术的相关思考，主要体现在其《技术批判理论》《可选择的现代性》《追问技术》《改造技术》《在理性与经验之间：论技术与现代性》等几部代表著作里。这一时期，他的思想主要是基于计算机技术。尽管很少提及"传播""传播技术"概念，但他对于计算机技术用作交往媒介以及计算机技术"物性"特征对人际交往的影响等，属于技术批判理论，但同时也是传播领域的一部分。这对我们当下认识技术在人机交往过程中承担的作用，具有重要的参考价值。

传统的技术理论可以分为两类：技术工具论和技术实体论。技术工具论是现代社会中居于统治地位的观点；技术实体论以雅克·埃吕尔和海德格尔等的观点为代表。技术工具论认为技术是科学的应用，与科学观念一样，不受社会背景的影响。无论在什么样的社会背景下，技术的作用都相同。技术为人类的选择与行动创造了可能性，但也使得对这些可能性的处置处于一种不确定的状态。技术产生什么影响，服务于什么目的，不是技术所固有的，而是取决于人用技术来做什么。不过随着技术的发展，技术工具论受到海德格尔的质疑。他认为，对技术的工具性的理解，只是对技术的正确反映，但不是真实的反映，"单纯正确的东西还不是真实的东西，唯有真实的东西才把我们带入一种自由的关系中，即那种从其本质来看关涉我们的关系中"。[①]

与技术工具论相对应的技术实体理论认为，技术构成一个新的文化系统，这个系统最终将侵入每一个文化领域，技术已经成为独立的文化力量，可以冲破传统的价值体系，技术由此不再仅仅是手段，而成为一种生活方式。然而在芬伯格看来，技术实体论和技术工具论都是从技术之外看待技术，都没有提到技术的内容，对技术也采用了绝对悲观或乐观的观点，从一个极端走向另一个极端。它们错把技术看作一种既成的、不能改变的事物，他提出应该从一

[①] 孙周兴选编：《海德格尔选集》，上海三联书店1996年版，第926页。

种生成论的观点去审视技术内部，分析技术的内部机制和生成过程，才能把握技术的本质。他进一步提出，技术的本质是"场域"（Place），是"社会变迁的场域或社会文化多样性系统化的场域"。[①] 芬伯格用"场域"理论描述技术是一个多因素构成的整体（包括各种自然因素和社会因素等），在技术整体中，任何单因素都不能单独发生作用，某一阶段的技术正是现阶段技术构成因素的最佳组合结果。

芬伯格的思想很大程度上受到了社会建构论的影响。社会建构论主要包括三种不同的理论分析框架：技术的社会建构方法、系统方法、行动者网络方法。尽管三者的理论视角和概念工具有所不同，但是其思想和方法论原则基本一致，那就是把技术人工物看作多种社会因素建构而成的。换言之，相较于传统技术哲学的技术本质观，社会建构论更强调技术与社会的相关性，认为技术并非先天给定和不变的，而是由社会、文化建构的。如要挖掘技术内部所蕴藏的文化因素，可以从技术发明家的日常实践及技术的设计来探究，技术如何在发明过程中被磋商和接受，即从技术的内部入手，来打开"技术黑箱"，而不是只关注技术发明群体与社会的交接。总体而言，社会建构论不认同技术发展的单一路线，而是有着多种可能性。在技术与社会共同演化的过程中，关键在于现实中哪种社会因素于技术的建构中占据主导地位。

如果说在霍克海默、马尔库塞等的视野中，传播技术还只是资本统治的"工具"和"手段"的话，那么到芬伯格，则把传播技术尤其是计算机技术作为影响和塑造人们生活样态的"存在方式"。在他看来，如果把计算机技术作为交往媒介来考虑，那么它就是为了日常生活的逐步共享而创造的一种环境。在这样的概念理解中，传播技术就不再是一种用以达成某种目的的"工具"或"手段"，也不是越来越智能以致可以控制人的"智能机器"，而是人们生活

---

① A. Feenberg, *Questioning Technology*, New York: Routledge, 1999, p.201.

于其中并反过来塑造人类的"场域"。如此一来,技术的设计绝不仅仅在"工具"的意义上是重要的,还具有"人性"的意义。因为我们不是在设计工具,而恰恰是在设计我们的"存在方式"。对于芬伯格来说,社会建构论的首要启示是,技术不是工具主义者所说的一种"中性的工具",也不是实体论者所说的一种"自主的力量",而是与其他制度一样是"社会的"。技术是带有一定意识倾向性的社会的产物,是一个悬置于多种可能性之间"待确定"的过程。因此,技术不是一种命运,而是一个斗争的"场域"。技术的社会建构性意味着可以打开技术"黑箱",考察技术的社会形成过程,并探讨技术发展的可选择性。依此思路,芬伯格构筑了其技术批判理论的基础——技术编码理论和工具化理论。

1. 技术编码理论

芬伯格认为,为了满足不同的利益,需要进行有效的技术设计。技术设计并非由技术的效率决定的,而是由技术发展阶段的社会等因素综合决定的,技术的发展受到社会因素、政治因素、经济因素、宗教因素、文化因素等诸多因素的影响。同时,在技术设计过程中,技术设计者、专家学者、政府官员、技术消费者都参与其中,通过提供或控制资源,在技术设计中表达自己的利益诉求,从而影响着技术设计。这样,技术中就包括了技术因素和技术之外的社会因素,芬伯格把包含了这两个因素的技术理性称为"技术编码"。技术编码"反映了广泛存在于技术设计过程的占统治地位的价值和信仰的技术特征"。[1] 技术编码表明,技术设计并非由技术的内在"效率"标准唯一决定,而是由具体语境下的政治、经济、文化、宗教等多种标准共同决定。因此,技术设计不是中立的,它总是带有居于统治地位的价值规范上的倾向性。芬伯格认为,与文化一样,这些代码通常是看不见的,因为它们似乎是不言而喻、不证

---

[1] A. Feenberg, *Transforming Technology*, New York: Oxford University Press, 2002, p. 5.

自明的。比如，现代工厂中的工具器械和工作场域都是按照成年人的身体特征来设计的，这不是因为从事工作的人必定是成年人，而是因为在我们的现代社会制度下儿童被排除在工作过程之外。这种制度规范上的要求物化于技术设计当中，我们已经习惯于理所当然地接受这种设计的结果。芬伯格把这种社会规范的编码化过程称作"黑箱化"，因为一旦它的定义被接受，人们就不会去问技术"之内"还有什么。

芬伯格认为，技术代码之于我们生活的重要性在于它决定了我们在哪儿生活，如何生活，我们吃什么样的食物，以及我们如何交往、娱乐，等等。如果这一切是正确的话，那么我们就应该严肃看待如下断言：技术是形成我们生活方式的一种新法规，与本来意义上的法律并没有什么特别的不同。芬伯格借用社会建构者拉图尔的"授权"概念来说明这一过程。拉图尔曾说：

> 这种非人行动者获得授权又反过来强加于人类的行为称为"规约"（prescription），它反映了人造物机制的伦理维度。不管道德家们如何哀叹，没有人像一台机器一样具有不折不扣的道德性……我们不仅能够把我们已经了解了数个世纪的规章等的效力授权给非人的东西，我们还能授权给它们价值、责任和道德规范。正是因为这种道德性，不论我们感觉自己是如何软弱和邪恶，我们人类都是合乎道德的行动者。[①]

芬伯格认为拉图尔的"授权"思想表明，人类社会的传统、法律和口头协议并不能简单地在整体上发挥其作用，而必须借助技术的中介才能产生相应的内聚力。技术中所包含的规定作为一种无声的命令左右着人的行为，使人成为一个塑造和驯服的对象。"技术

---

① B. Latour, *Pandora's Hope: Essays on the Reality of Science Studies*, Harvard University Press, 1999.

编码"的确定，一方面规定了人工智能的设计标准，另一方面也规定了日后人工智能的使用方法。譬如，人工智能会要求你说标准的普通话，不标准或者是方言通常不能被识别。芬伯格用技术中包含了技术和社会两种因素的观点来反驳技术决定论，在他看来，如果技术是决定性的，那么当人类面对技术带来的环境、伦理等问题时，也就只能束手无策了。

2. 工具化理论

在社会建构论思想的启发下，芬伯格对技术的"本质"作了进一步的思考，提出了技术的"工具主义"（Instrumentalism），但他的技术工具论相较于海德格尔的工具论来说更为细致。他把对于实体理论的解答和对于社会建构理论的解答结合在一个具有两个层次的框架之内，这样，技术的本质就不单是一个方面，而是两个方面。芬伯格称第一个方面为"初级工具化"，也即"去背景化"的过程，自然物先从原初背景脱离出来，作为技术客体被整合进技术系统，期间的互动、讨论或对抗多发生在与设计人造物功能的专家学者之间。这一层次解释了技术客体和主体的功能性结构，本质主义倾向的经典技术哲学家大多停留于此。第二个方面为"次级工具化"，如果说物体的重量、大小、形状等技术特性是其"第一性质"的话，那么物体的"第二性质"如美学、伦理及文化价值等就嵌入进来。这期间论争范围拓展，将那些认为自身受到技术及其应用、后果和意义牵连与影响的团体也囊括进来。他们极力去形塑技术，促使其解决技术本身造成的问题，这些团体所倡导的价值和解释性规范也就可以得到支持。

以上两个层面的结合，便决定了截然不同于前代学者所着力批判的技术理性。这一层次集中于在现实的网络和装置中构造而成的主体和客体的实现，因而与社会科学的问题有更多的关联。通过这两个层次的理论抽象，"工具化理论"实现了如下整合：把技术同技术系统和自然整合了起来；把技术同伦理的和美学的符号安排整合了起来；把技术同它与工人和使用者的生活与学习过程等整合了起来；把技术同它的工作和使用的社会组织整合了起来。因此，芬伯格也称其工具化理论为"整体论"的技术本质论。技术整体论具有明显的生态倾向：把技术、自然、人、社会的统一性纳入技术的本质，有助于促进技术的生态化；技术本质的多样性和不确定性使人看到技术具有向有利于人和自然的方向发展的潜能。

技术与社会诸因素之间的这种互相包含、互相纠缠的建构性关系在新一代技术哲学家那里以不同形式的隐喻和形象化的语言表达了出来（比如"技术社会""技术文化""行动者网络""一种由技术物、科学规律、经济规则、政治力量和社会关怀构成的交织结构""技术与属性的相互形塑"等），而芬伯格的表述更加明确。芬伯格承认，技术是工具，具有工具价值，但它又绝非工具的总和，而是社会文化的产物。技术这种工具是在诸多社会因素共同作用下产生的，它本身就内在包含着特定的社会文化性，因而它并非纯粹的工具，而是负载着价值。进而，芬伯格指出，技术的社会文化性绝非只是在技术使用过程中存在，其实，在技术产生的源头就已掺杂着社会文化的成分。一方面，技术在设计之前，其社会因素便参与其中，即作为一种规则的技术代码，其规则的制定是因人而起的，规则中涵盖着：如果要达成某种目的，就必须按照规则行事；另一方面，如果遵循规则而展开的活动实现了目标，也就反过来解释了规则的重要性。这样，芬伯格其实是利用了"技术代码"所蕴含的"社会需求"和"技术需求"的聚合（polymerization），来揭示技术与社会的关系，进而指出，任何技术都是其自身的内在逻辑与其外部的社会情境耦合的产物，技术在本质上应是工具与文化的聚合。

二 技术中介：人与社交机器人场域逻辑

从芬伯格的传播技术观可以得知，场域并非某种静态的共时性结构，而是穿越不同时空点的力量关系，是由特定行动者的相互关系构成的社会关系网络；或者，场域也可以理解为靠权力关系来维持和运作的场所，也是行动者旨在维护、挑战或重构这些关系而展开博弈的场所。同时，根据拉图尔对行动者的界定可知，行动者有一定的能动性，它既受制于所在场域的规则，又具备反思性。在对人与社交机器人关系场域这一维度展开分析时，要关注场域内的制约性客观条件。这些条件一方面是历史性运作的场域的直接产物；另一方面，又是在实际的场域运作中不断发生变化的。这意味着在不同的时间节点和社会条件下，每个场域都有自身特殊的游戏规则和运作逻辑，行动者必须在了解和承认这些规则和逻辑的前提下展开行动；但与此同时，场域内行动者之间动态的相互关系又在不断改变场域的规则、逻辑与结构。此外，除了意识到场域自身特有的结构、逻辑和规则，还要充分考虑到它与其他邻近的或交叉的场域之间的互动关系，以及其他场域的存在的影响。换言之，场域中的行动个体对场域的关系结构能起到建构作用，但个体的建构方式、建构能力和建构策略都基于一定的场域的结构，因此理解场域的属性不能将之还原为个人的属性。场域是一个竞争冲突的空间，场域间的差异在于关系。

场域是一种多面向的话语关系网络，也是具有特定引力的关系结构，它就好比一个磁场，吸引着行动的个体依附在场域的各个位置空间，技术、文化、设计者、使用者等各种力量，都可以通过构型的方式汇集在一起，形成独特的位置关系，而活跃于场域中的不同行动者，同时受着场域间的引力和斥力，因而场域中的结构会在一定的时间和空间中形成相对稳定的结构。在场域结构中，网络、位置与构型是几个极为重要的概念，场域对置身于其中的行动者首先要重新形塑，也就是说，行动者不但要对场域的原则、结构安排和利益需求有一定的认识并在某种成程度上达成共识，而且要有一定的禀赋。如果说场域是一张社会关系之网，那么位置则是这张网上的网结，而构型主要指场域具有能动性，它可以利用自身的特殊结构，在社会资源和权力资本的调控下，对各种进入的关系或力量进行场域重构。所以，唯有在"持续不断地变化、无限复杂的差异

第六章 人机"互构":人与社交机器人的关系"场域"

性和具体性的关系中,才能真正理解场域的结构"[1]。

技术可以催生关系网络的重构和增长,人机互动场域就是一个流动的、充满斗争文化的场域,会随着政治、经济、媒介技术等因素的进入而产生场域重构。这种重构不仅表现为场域内部占位关系的调整,更直接体现为场域内话语秩序的重建和话语权力的重新分配,所以探讨人机互动场域特性的首要任务,就是厘清人与技术之间的依存关系,亦即技术在人机互动中扮演的角色和发挥的效能。由于人工智能技术的发展、机器形态的演变,以及技术权力主体的不确定性和差异性,不同历史阶段的人机互动往往会呈现出不一样的场域结构和文化特性。一方面,人机互动场域的生成必然要依赖一定的机器形态;另一方面,技术的中介性又决定着人机互动场域容易受到其他场域的影响,进而改变人机互动场域的结构关系。这也就能解释为什么不同历史发展阶段或者不同的人会对人与技术或机器的看法不同。从这一方向出发,人与社交机器人在社会各个场景中的互动正是一个场域,而且呈现出日益复杂的关系结构。本书借助于拉图尔所提的概念,将社交机器人看作"行动者",而非"主体",是因为主体是传统的主客二分的作风,而"行动者"在场域的理论结构中是一个不可或缺的因素,也只有将行动者置身于场域中,才能使我们更好地把握其所占据的位置及其关系。

前文已提到,社交机器人已很难仅被看作服务于人类的简单工具。如果它也是其中一个行动者,那么也就有可能参与重构和塑造人类社会,而技术在这个过程中发挥了关键的作用。正如法国哲学家斯蒂格勒提出的"代具论",他认为人类有先天的"缺陷",需要通过技术来弥补自身的不足,而现代技术就参与了人体的构建,所

---

[1] 刘少杰:《后现代西方社会学理论》(第二版),北京大学出版社2014年版,第156页。

以技术具有构成人类自身生命种系起源之外的"第二起源"的力量。① 但让技术或机器人发挥行动者的作用并与人类建立亲密的"同伴"关系，就不是单纯技术决定的结果，而是文化在技术构思、技术设计、技术实验、技术反馈等一系列技术形成过程中参与的结果，这与芬伯格的技术整体论相吻合，技术在人与社交机器人的关系建构过程中，技术不仅仅承担"中介"的角色，更是转向更深层次的"互构"。接下来，本书将结合社交机器人的开发与接受过程，具体探讨"技术"是如何在"科学"与"文化"之间缔结出各种关系，以及社交机器人又是如何在关系"场域"中成为人的"同伴"的。

第三节 从"中介"到"互构"：人与社交机器人关系场域新范式

在以往人—技术—对象的关系链条中，技术主要作为中介而存在，当技术越来越深地嵌入人体，人与技术不再是非此即彼，而是消弭界限、互相融合的共生关系，这意味着边界的消失——人的身体与外在世界之间的界限变得流动、模糊和不确定，其中包括人与社交机器人之间的界限。也许很多人认同，社交机器人的开发是一个技术的大混合，实际上，这是指工程应用的一个方面，但如果深究起来，还是一个科学技术、人文艺术、哲学思想、伦理道德、习俗信仰等方面的人物环境系统大混合。而人与社交机器人的关系则体现了社会的、文化的、符号的、经济的、生态的、环境的、自然的、物质的各种因素的交织与互动，组成了一种"关系场域"，"关系场域"中所有"生命"都在不间断地在一种互惠模式中彼此促成

---

① ［法］贝尔纳·斯蒂格勒：《技术与时间：爱比米修斯的过失》，裴程译，译林出版社2000年版，第127—129页。

对方的存在。传统人类学观点认为，需求是技术之母，文化只是历史进程的外部产物，而技术和物质文化才是人类进化的关键，技术和物质文化在人的需求与环境的制约之间创造了可能性，技术的进程就是需求推动下的进化，但是技术源于需求吗？人们有必须要解决的需求，人们也通过技术手段来解决了技术需求，但是解决这些需求的手段是成千上万的，也就是说，在满足既定的目标时，有海量的技术和人工物可以选择。所以相比于需求，更值得研究的是技术选择，到底是什么因素左右了技术选择？为什么会存在技术差异？解答了这个问题，其实也就能解答到底什么才是技术的真正起源，也能拓展关于人机关系的认识维度。

科学、技术与社会（STS）历史上的一项基本任务是提出摆脱传统观念的方法，即科学和技术的进化遵循一条固定的直线，从而从外部阻止我们生活的现实，并通过详细的研究和分析展示技术科学实践的多样性或异质性。可以说，有两种主要策略来完成这项任务。一种是技术的社会建构（Social Construction of Technology，SCOT）方法提出的以认识论为导向的策略。该方法侧重于技术工件在其开发和接受过程中的"解释灵活性"：不同的"相关社会群体"对技术工件有着截然不同的解释，从而引导其内容，通过不同的问题链和解决方案实现进一步发展。另一种是行动者网络理论（ANT）提出的面向本体论的策略。该策略说明了通过阐述异质实体（即人类和非人类行动者的网络）的各种关系来创建科学事实的有效性和技术效率的过程。尽管两者都提出了克服技术决定论传统观念的重要方法，但它们在探索技术科学实践的多样性方面存在方法论上的局限。如果将技术发展的多样性的起源仅仅归因于社会文化解释的多样性，就会忽略技术实践影响文化/社会实践和群体的阶段。另外，在行动者网络理论的方法论中，技术科学实体的多样性是分析的起点，并被概念化为行动者，这些行动者不具有内在性质，但总是通过与其他行动者的关系而改变。然而，这种方法关注的是行动者网络稳定的方式或"黑箱"，以实现一个明确的目标，尚不足以阐明现实的多样性或灵活性。

不管是技术决定论还是社会建构论，抑或是对二者之间的协调，很少有学者从社交机器人的设计与接纳过程对技术进行理论解释。本部分将综合前文提到的"赛博格""行动者网络""场域"等概念，同时结合日本学者久保明教对娱乐机器人爱宝（AIBO）的"开发"与"接纳"过程的研究，建构一种人与社交机器人关系的新哲学视角，提出一个人与技术在社会组织、制度文化等关系场域互动中形成的互构行为架构。

日本学者久保明教在文章《作为媒介的技术——从娱乐机器人"AIBO"的开发与接纳过程出发》中，通过构建一个以娱乐机器人爱宝为媒介的开发和接纳的民族志，成功地创造了一幅被技术包围的现代人的日常生活的生动画面，同时开辟了科学人类学的一个新领域。该文通过详细描绘社交机器人爱宝的开发与接纳这两个过程，提出了一个连接科学和日常生活，或技术和文化的动态视角。具体而言，在开发的过程中，由于人工智能的技术水平远没有那么理想，工程师或设计师们更换设计理念，将机器人定位在能够成为娱乐同伴，虽然"无用"但是"有趣"这一点上，而在接纳的过程中，爱宝功能的不稳定性又会引发其主人或家庭成员之间文化解释和喜怒哀乐的"不可思议的物语"。具体而言，作者认为，在爱宝的开发和接纳的过程中，爱宝的形态塑造受到科学和文化元素交织的引导。在"开发"过程中，爱宝是以作为人工智能研究和机器人工学成果的设计方法为基盘，继而将人们口述过程中关于机器人的想象"翻译"成了工业制品。另外，在"接纳"的过程中，随着爱宝的功能系统的运行，与其主人（Owner）所居住的生活空间所特有的日常方面的事务连接，爱宝的行为被赋予了各种解释，因而爱宝获得了超出开发者预期的意义，而技术在整个过程中，作为实在与意义的媒介可以再现"科学"与"文化"的互动。

久保明教用以下三点来总结了爱宝的开发和接纳过程：（1）在开发和接纳过程中，科学与文化因素并存；（2）这两个过程彼此都

第六章 人机"互构":人与社交机器人的关系"场域" | 125

不能被还原为对方;(3)工业设计和主人的解释中介了科学与文化要素之间的活动,并引导了爱宝形象的方向。①

由此可以看出,在娱乐机器人爱宝的开发和接纳过程中,其形态塑造受到科学和文化元素交织的引导。具体而言,是由基于科学知识生产的人造物与人们(开发者和所有者)以及文化意义相关的认知之间的相互联系所引导的。每个机器人的物理身体和"技术性能"(technical capacities)都与那些用来理解它们的话语和想象力完全纠缠在一起。从某种意义上讲,社交机器人不仅是技术的产物,更是文化的产物,人类的每个概念和知识都是动态的,而且只有在实践的活动中才可能产生多个与其他概念和知识的关联虫洞,进而实现其"活"的状态及"生"的趋势。爱宝在开发和接纳过程中,它的功能与性质其实也是基于开发者、所有者及其科学、文化认知之间的相互联系所引导的。这样,科技中的科学与文化的互动可以看作一个动态的过程,在这个过程中,中介要素通过现实与意义之间的联系以各种方式构成。

通过久保明教的这个研究文本可以看出,爱宝的工程设计过程并不是一个线性的过程;或者说,并不是创新技术的产生来自先进科学的最新成果的启发。相反,正是开发者的多方比较认知操作,让原本"不起眼的机器"变成了一个有吸引力的产品。可以说,真正导致创新的不是技术,而是"理念"。正如盖尔(Alfred Gell)所言,技术的发展是由"奇幻"(magical)观念的认知作用所启动,这些观念为技术活动发生的框架提供了新的方向。他反对那种认为技术的发展是建立在物质需求的基础上的观点。因为"任何一个社会成员都无法在他已经知道如何满足现有的需求之后,再去想象新的需求",②不是需求造成了技术的变化,而是技术的变化创造了新

---

① [日]久保明教:メディアとしてのテクノロジー——エンターテインメント・ロボット『アイボ』のはっとと受容のプロセスから,《文化人類学》,日本書籍化人類学会,2007年。

② A. Gell, "Technology and Magic", *Anthropology Today*, Vol. 4, No. 2, 1988, pp. 6-9.

的需求，技术设计过程中对于文化意义的感知成为技术发展的关键，正如爱宝的诞生不是为了满足明确的、已有的需求，而是在开发过程中产生了必要的、新的需求（作为产品的吸引力）。在确定爱宝的物理构造的过程中，还涉及如何设计关于爱宝的社会认知（爱宝是什么，如何才能被消费者接受并喜欢）。

需要特别说明的是，即使奇幻（文化）的认知框架在新技术出现的过程中发挥了一定的作用，但也不能说它单方面决定了人工制品的性质。文化元素在开发过程中的介入，不仅仅源于开发者对机器人的希望和想象，因为为了将机器人技术等新形式的技术商业化，有必要考虑它将如何对用户来说是有用的。换句话说，对人造物的感知，也有必要纳入设计的一环，以创造尚未存在的新需求。超越人类并用非人类的内容掺杂系统发生的内容，必然要求这些异域元素有能力融入人类的规范，这意味着它们并不像通常所认为的那样陌生。事实上，社交机器人的特征必须被正确地识别，然后才能应用于人类本体论维度的重叠，让异质性的社交机器人有着"人类性"，使其看起来"亲切"，这个过程暗示着一种和谐（识别和身体表征）和一种不和谐（即对意想不到的、外来的和具有挑战性的元素的感知）。这个过程是同化差异的递归过程，也是一个文化技艺发挥作用的过程，在受制于文化结构的同时也在产生新的文化结构。

为了进入非人的身体，我们需要从一种共通性开始，即差异中的和谐：我们需要超越异形。文化技艺不是人类创造性唯我论的结果，而是通过与其他物种的本体论杂交，引导人类超越自我的对话张力，它是社交机器人面临其新的本体论地位的时刻，即它不可逆转地改变了人类的视角。这种文化技艺就好比是益生菌，通过定植在人体内，改变宿主某一部位菌群组成的一类对宿主有益的活性微生物，使其自身受益。也正因如此，社交机器人的设计过程需要调动关于机器人的文化元素。所以，工业设计开发新技术的过程，既要以科学知识为基础，构筑人造物的物理结构，又要利用文化资

第六章 人机"互构":人与社交机器人的关系"场域"

源,比如对围绕人造物的社会认知来展开设计,这也正好暗合了芬伯格的"场域技术观"。芬伯格有关计算机技术的两重性特点为本书探索文化在技术科学实践中的作用奠定了基础。同时借用行动者网络理论的术语来说,社交机器人爱宝就是在异构实体(设计者、宠物、工程师、目标消费者等)之间建立联系的过程中产生的。人们在使用技术的过程中一方面运用技术的一些特征,另一方面也运用自己对技术和制度的认知。这样,使用者对技术的使用就被他们的经验、知识、意义、习惯、权利关系、规则和可用的技术所建构,进而形成具体的规则和资源。简单来说,人机互动场域中的技术是科学理念、文化认知、规则制度和现实需求等内嵌的结果。人与社交机器人互构的分析框架如图6-1所示。

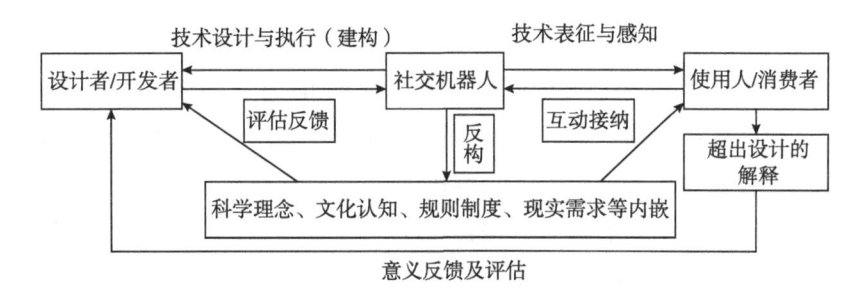

图6-1 人与社交机器人互构的分析框架

长期以来,学界对技术的研究强调从人的主体性地位对技术加以批判,从而遮蔽了技术与人的关系中互驯的一面。如果说前人工智能时代人对技术的驯化仅仅是对人体个别官能的模仿,那么在社交机器人时代,这一模仿已经脱离单个官能,而成为对作为整体的人乃至人的思维意识的模仿。也正是在这一过程中,技术得以以更高形态呈现在世人面前,在技术的促逼之下,人已经成为被订造的对象,成为持存物。这种促逼不仅逼索自然界,同时也促逼着人,使人的存在受到限制和扭曲。所以麦克卢汉在《理解媒介》一书中指出,任何发明或技术都是人体的延伸或自我截除。在这里,社交机器人不只是一种工具和手段，它还具备改造和建构社会存在和社会关系的力量。人也不仅仅是发号施令的主导者，更是与机器人共生的有机体。社交机器人与人的这种互为一体就使得二者之间形成了匹配关系，从而摆脱了二元对立的束缚，从更深刻、更复杂的层面上实现了互相建构。

　　拉图尔的行动者网络理论的优势在于常动常新，行动者无论是主体还是客体，人类还是非人类都并非一成不变，而是在持续制造个体间的连贯性，源源不断地组合出多种结果。例如在用户对爱宝没有进行主动交互的空白空间里，爱宝也会"自主行动"，从而让爱宝和人类之间构建出一种可持续的关系。爱宝展现出的复杂性和人性化是工程师设计的行为模式程序，而处在社会环境下的爱宝主人也同样从爱宝的实时交互行为中进行了解读，这就赋予了爱宝文化层面上的意义。由此，在人机"关系场域"层面，技术的本质已经脱离了技术本身，转向技术主体和客体的关系阐述。在此关系中，技术客体和技术主体相互作用、不可分割，技术主体和客体都是创造者和被创造者，主体和客体的界限不再绝对，技术主体与客体通过"场域"进行融合，形成一个互构的整体。社交机器人作为一台机器，是由各种行动者（机器内部和外部）之间存在着的各种关系（向其内部）折叠而成，它既以能动"行动者"的身份出现，同时又依赖各种存在于关系场域的动态纠葛来维持其存在。

第七章　ChatGPT 等智能"涌现"下人与社交机器人的关系进化

1936 年，人工智能之父图灵（Alan Mathison Turing）提出了一个简单而强大的想法，即任何可解决的数学问题，原则上都可以用"通用计算设备"来解决，这种设备后来被研究人员称为"图灵机"。图灵还指出了一个基本方向，基于机器可以很好地伪装人类的能力，可以先以模仿生物大脑的方式编写机器程序，再让它逐渐获得和创造人的智能。正是这个想法，语音助手和在线翻译等大量神奇的事物得以诞生，以 ChatGPT 为代表的生成式 AI 得以崛起。虽然 ChatGPT 的使用还处于早期阶段，没有充分发挥其潜力，但已称得上专用性人工智能转向通用性人工智能的关键转折点，关于它的集中探讨涉及信息技术、语言、法律、伦理、美学等方面。

究竟 ChatGPT 能否通过各种复杂的图灵测试——"自我"、语义、认知、存在、意志、道德、创造性、交际性、动机性等，也许在未来相当长的一段时间里都不会有定论。但为了取得进步，我们需要不断地向这些边界推进，其中包括技术边界（如处理各种事务的能力）、心理边界（如对人工智能的信任）、道德边界（如人工智能的伦理问题）和概念边界（如对人工智能的认知），也需要智能技术（科学）、人工艺术（美学）、生物共生（哲学）等各种思想的交融。

第一节　ChatGPT 智能"涌现"下再掀技术奇点的讨论

2023 年爆红的 ChatGPT（会话生成预训练转换器）是 OpenAI 开发的一种基于深度学习的大规模自然语言处理模型，具有生成功能和社交性。它的标志性意义在于推动生成式 AI 进入知识付费服务，让智能机器的生成内容开始潜入人类知识领域。[1] 在过去几年里，语言模型得益于人工智能和自然语言处理（NLP）的快速发展，比以往任何时候都更加准确、灵活和有用。ChatGPT 算得上迄今为止向公众发布的最好的聊天机器人——它可以理解并响应自然语言文本，生成类人文本，使用多种语言回答问题，协助设计或执行内容分析，等等。黄欣荣等认为，ChatGPT 的出现意味着人工智能开始从工具走向自主、从构成走向生成，同时也预示着通用人工智能正式拉开帷幕。[2] 早期的版本在翻译和摘要等任务上已经相当出色，ChatGPT 4.0 版本从对话、翻译到生成有意义的图像、美术等文本都有了显著的提升，虽然偶然也会出现人工智能"幻觉""语境坍塌"的情况，即"一本正经地胡说八道"，仍不失为一个功能强大的 NLP 模型，甚至随着其功能的扩大而表现出意想不到的智能"涌现"能力。

英国哲学家刘易斯（George Henry Lewes）在 1875 年创造了"涌现"（emergence）一词，意指每个合力要么是共同作用力的和，要么是共同作用力的差，这取决于二者方向是一致还是相反。后来该定义被生物学家延伸到生物领域，并将整体产生的协同效应视作

---

[1] 杨俊蕾：《ChatGPT：生成式 AI 对弈"苏格拉底之问"》，《上海师范大学学报》（哲学社会科学版）2023 年第 2 期。

[2] 黄欣荣、刘亮：《从技术与哲学看 ChatGPT 的意义》，《新疆师范大学学报》（哲学社会科学版）2023 年第 6 期。

自然界复杂性进化的根本原因。① 智能"涌现"在 ChatGPT 中表现为借助于一般系统程序产生出复杂的行为或特性，比如产生类人的智慧、想象力和感情。在这个存在链中，每一个在复杂性上的进步都携带着它的前任状态的信息和逻辑，它与我们正确理解宇宙各元素之间的相互作用有关。人工智能每个阶段的能力"涌现"都备受瞩目，不断有 AI 研究人员对此设想过技术奇点的可能性和时间表。在雷·库兹韦尔（Ray Kurzweil）看来，到了后奇点时代，人类与机器之间、物理现实与虚拟现实之间将没有区别。关于技术奇点到来的时间，有学者猜测它会在 2060 年之前发生，但怀疑论者的回答相对保守，如著名机器人专家罗德尼·布鲁克斯（Rodney Brooks）认为，人工智能奇点将在 2300 年前后出现。因为目前我们还不够聪明，距离理解如何构建通用人工智能（AGI）还有很长一段距离。对奇点和后奇点人工智能超凡力量的憧憬就像一种宗教信仰，事实上，如果真有奇点，我们很难预测后奇点会发生什么。②

面对 ChatGPT 的发展潜力，中国传播学者也进行了广泛的探讨。在喻国明看来，受"预训练、大模型、生成性"三大核心技术支持的 ChatGPT，带来了传播权力的"下沉"，引发了社会和传播领域的生态级变局，并会成为未来社会的基础设施。③ 周葆华认为，ChatGPT 通过对信息进行强调情境化和意义的高度整合，形成了一种新的知识媒介。这种新的传播媒介，不只是新的渠道，而且是新的传播主体、新的组织逻辑、新的建构力量。④ 杜骏飞从数字交往层面出发，看到了 ChatGPT 的出现为"跨生命交往"提供了关键支

---

① 《什么是涌现?》，2021 年 8 月 9 日，人工智能学家的博客-CSDN 博客，https://blog.csdn.net/cf2SudS8x8F0v/article/details/119549940。

② Rodney Brooks, "AGI has been Delayed", May17, 2019, https://rodneybrooks.com/agi-has-been-delayed/.

③ 喻国明、苏健威：《生成式人工智能浪潮下的传播革命与媒介生态——从 ChatGPT 到全面智能化时代的未来》，《新疆师范大学学报》（哲学社会科学版）2023 年第 5 期。

④ 周葆华：《或然率资料库：作为知识新媒介的生成智能 ChatGPT》，《现代出版》2023 年第 2 期。

撑。① 姜华则从知识格局的层面，推理 ChatGPT 可以构造出一个人类与非人类齐头并进的知识生产新格局。此新格局"联结"了弥漫整个自然空间与社会时空的"网络"，一个非静态的行动者网络。②

ChatGPT 带来的颠覆性变革让上述学者看到其在智能传播领域正式确立的主流地位，不过也引发大量学者对"数字红线"的担忧。黄荣等认为，ChatGPT 最具杀伤力的行为是用生成决策行动代替精准中介，即由机器直接决策取代了人类选择决策。③ 这种自主决策导致的后果会加速退化人类的日常思考，对媒介技术成瘾，最后丧失生活的自主权。陈昌凤等结合 ChatGPT 的实践，发现人工智能生成内容（Artificial Intelligence Generated Content，AIGC）存在系统性偏见、价值观对抗、"观点霸权"、刻板印象、虚假信息等问题。④ 诸如此类，AIGC 带来的不公与歧视、竞争与垄断、安全与隐私、道德与伦理、能源与环保等问题同样不可小觑。综合而言，对于以 ChatGPT 为代表的生成式 AI 的看法大致分为三种："数字乌托邦"、"技术怀疑论"以及较为中立的寄希望于从伦理、法律等层面创造"有益的人工智能运动"。

面对高度挑战着人类认知的强人工智能，我们仿佛置身于错综复杂的欲望之网，总有一些神秘的力量把我们引向电脑屏幕的边缘，此边缘处于主体与他者、真实与幻想、实体与数字之间的中间地带，边界一侧的"无生命"不断寻找向另一侧"生命"跨越的机会。正如我们在童年时很容易将玩具赋予生命，甚至相信只要我们跟它们说话、陪它们长久，它们就会活过来。ChatGPT 也是如此，对有些人来说，它是知识宝库、探索工具或生活"助手"，是人类成就的闪亮灯塔；然而对另外一些人来说，它是恐怖之眼和危机之

---

① 杜骏飞：《ChatGPT：跨生命交往何以可能？》，《新闻与合作》2023 年第 4 期。
② 姜华：《从辛弃疾到 GPT：人工智能对人类知识生产格局的重塑及其效应》，《南京社会科学》2023 年第 4 期。
③ 黄荣、吕尚彬：《ChatGPT：本体、影响及趋势》，《当代传播》2023 年第 2 期。
④ 陈昌凤、张梦：《由数据决定？AIGC 的价值观和伦理问题》，《新闻与写作》2023 年第 4 期。

源，是人类创造力终结和主体地位丧失的先兆。事实上，两种观点都略显极端，早前约瑟夫·熊彼特（Joseph Alois Schumpeter）首创了"创造性破坏"（creative destruction）一词来诠释经济增长与发展，ChatGPT 同属于一种"破坏式创新"，虽然破坏旧世界，但又建构新世界。对于我们而言，它更像是一面镜子，是我们认识自己、反思自己的欲望之镜，把我们引向一个新的认知边界。

本书的重点并非要预判技术的奇点是否会来、何时会来，而是探索如何应对那些可能催化技术奇点实现的事物对人类心理构成的严重挑战，以及我们应该如何在技术带来的意义中思考与技术"共存"。此处需要借助一定的美学思维，因为它可以对哲学思维形成补充。目前学界关于 AI 带来的技术变革和伦理问题的探讨很多，但对于它在美学上的意义探讨很少，这或许跟早前 AI 生成艺术的能力及其本质一直备受质疑相关。AI 生成的作品究竟有没有美学意义？可以生成作品的 ChatGPT 的流行，正好给我们提供了一个可以探讨的新契机。

第二节　想象的激发：ChatGPT 生成艺术的美学意义

2018 年，一幅名为《埃德蒙·贝拉米肖像》的艺术作品在纽约曼哈顿的佳士得拍卖行以 43.25 万美元的价格售出，这是世界上首幅由 AI 制作的艺术品。[①] 这幅看上去是一位年轻绅士、镶着金框的肖像画，风格非常古典，但脸庞之外有点模糊，最为奇特的是，作品右下角的签名是一组数学公式，也就是 AI 制作这幅肖像画的实际算法。人们对这件事的反应偏向两个极端，一些人声称这是艺术的

---

① 《首幅人工智能画作拍卖 43.2 万美元 远超预估价》，2018 年 10 月 26 日，人民网，http://world.people.com.cn/n1/2018/1026/c1002-30364962.html。

未来，人工智能艺术将取代人类艺术家；还有一些人认为人工智能艺术不是真正的艺术，并担心它会有版权风险或对真正的艺术造成毁灭性伤害。

一 空与灵的内在交织：ChatGPT 的艺术生成价值

ChatGPT 流行以来，对于 ChatGPT 生成艺术的反对意见仍然非常相似甚至更为激烈，它不仅能生成绘画，还可以生成诗歌，且这些诗歌与一般人类创作的诗歌无异，或许只有文学家才能够识别出作品中的一些细微错误。AI 生成的艺术作品与一般的数字艺术不同，因为前者在艺术创作过程中，至少有一部分艺术是留给机器"独自"完成的，艺术设计师给 AI 一些数据，然后等待，以便观察 AI 将如何"构思"这些数据。大部分人在观赏这类艺术作品的时候出现一种"伊丽莎效应"，因为它看上去更像准人类，拥有了新的自主权并独立于艺术家。这种效应是关于人类在数字幻想中的共谋，在这种情况下，人们往往会忽略错误或其他任何相反的证据，下意识地认为电脑行为与人脑行为相似。可以确定的是，目前人工智能当然还不能与人脑完全匹配，但我们面对人工智能创作的作品，又经常感到它和人一样拥有创造意识。我们可以用一个"飞蛾扑火"的成语典故来区分二者在创作过程中的逻辑不同。

"飞蛾扑火"这一现象在文学创作中经常被用来审美类比，比如它可象征一些人不顾一切追名逐利，最后走向灭亡的悲叹；也可暗示有情人对他/她所爱之人的一种执念/激情，这种执念/激情最终使他/她走向肉体或精神毁灭的凄惨。事实上，飞蛾自我毁灭的过程遵循着一种因果逻辑，飞蛾的眼睛会被光刺激而神经错乱，靠近灯光的肌肉变弱，当一只眼睛接收到的光线比另一只眼睛少时，阴影一侧的翅膀扇动得更快，由于两个翅膀力量不同，才会围着光源飞舞，越来越近，最后飞向光源的同时走向毁灭。我们在这个典故里可以观察到人类的智力、情感、经验、想象力等方面如何将客观的逻辑过程转化为一个审美过程，这种有机的、模拟的复杂性和微妙性是人工智能无法机械模仿的。人类的思维可以用它所能想到的任何逻辑来做到这一点,它可以为同一个对象/事件生成多个解读,并在高度不相关和流动的逻辑过程之间建立联系,进而继续发展这些联系。这种思维过程的动态性或流动性不遵循任何数学规则,也不可能被包含或限制在机械的程序中,显然当前的人工智能还不具备这种发散的逻辑思维能力或审美能力。但从现象学视角看,意识就是大脑神经元的分化和整合信息的过程,它通过时间和经验流程产生记忆和知觉分类。机器其实也能实现同样的功能,所以与其思考"机器是否拥有和人一样的创造意识",不如问"如果相信机器具有创造意识对于我们而言意味着什么"。

在本斯·纳内(Bence Nanay)的文章《不在场的人的肖像》中,提到的肖像画是一系列现代主义肖像画,其中最著名的一幅肖像画是安德烈·柯特兹拍摄的《蒙德里安的烟斗和眼镜》。这幅画没有蒙德里安本人,却让纳内从本能的直觉中感受到这幅作品所展示出的画家的精神力量,纳内用"心理意象"的概念来解释这种现象。[1] 我们对于 AI 艺术的审美也涉及这种心理意向,在前文提到的《埃德蒙·贝拉米肖像》中,作品受到观众青睐是因为画中出现了一个熟悉又陌生、清晰又模糊的留白空间。这或许源于 AI 生成过程中的一些"错误",让这幅画中人物的脸以及周边看上去都有点奇怪,它们的变形和缺失的细节需要观众通过心理意象进行填补或整合。在认知科学家丹尼尔·丹尼特(Daniel Dennett)看来,当我们把心理意向归于某个对象时,就是对这个对象采取了意向立场,而所谓采取意向立场就是这样一种策略:通过把一个实体(人、动物、人造物等)处理为它仿佛是通过"考虑"其"信念"和"愿望"来决定其"行为"之"选择"的合理性的对象来解释其行为。[2] 基于这一点,我们可以假设,这种 AI 艺术的审美源自人类艺

---

[1] Bence Nanay, "Portraits of People not Present", in Hans Maes ed., *Portraits and Philosophy*, New York: Routledge, 2019, pp. 252-253.

[2] Daniel Dennett et al. eds., *The MIT Encyclopedia of the Cognitive Sciences*, The MIT Press, 1999, p. 412.

术家与 AI 之间的关系，而 AI 艺术可以有效地凸显想象力在我们感知事物中所扮演的角色，甚至它能够激发我们获得一种空灵的审美感觉。

空灵是中国美学中的一种典型意境美。在传统的画作中，这种空灵的意境是灵气往来于创作者与欣赏者之间的审美心理场，也是中国人宇宙意识和生命情调的诗化，延伸到 AI 生成的作品中，其生动与灵气更多来自作品本身呈现出的"近人"特质，即在本质上与观看者个体的内在相关性。换言之，AI 生成艺术的整体意境是"空"与"灵"的交织。面对这些轮廓模糊、细节缺失的图片，我们还可以看到人工智能对人类提供给它的数据进行识别、分类的尝试，同时意识到自己在理解和分类事物时也存在不确定性。这种不确定性并不是对意义和思想的放弃，反而是一种建构想象的可能，它让我们认识到想象力和感知之间的互动。我们所感知和识别的一切，永远只是整体空间的一小部分，且这一小部分都是物质本身和想象事物的混合体。

AI 艺术创作是一个使未料到的事物被预料到的过程，它是意外的，因为它是基于算法程序的信息性的，偏离了常规、规范或已意料的东西，但又能开启欣赏者新的美学感知回路，以实现新的规范性。我们也可以从达达主义、超现实主义或后人文主义艺术实践中去窥见 AI 生成艺术的价值。其中后人文主义对人文主义、人类中心主义和宇宙中心主义进行批评，以技术神话、半机械的化身和块茎般的身体表演与表现为特色，向其他物种与假设的生命形式开放包容性：从非人类动物到人工智能，从外星人到多元宇宙物理概念等。它将技术视为本质上的人类，但仍然警告其破坏性的一面。后人文主义美学扭曲了物理定律，以激发惊喜和神秘感，为了释放无意识思维的创造潜力，创作者多采用自动写作或绘画等技术，因而也被定义为"自动主义"。这种艺术将在创造感官延伸、认知丰富、身份转移和激进的生命延伸等实践方面扩大，暗示了艺术是将感官、信息和知识并置的深刻载体。基于这一点，能生成艺术作品的

ChatGPT 就不只是一个简单的工具角色,还是与人类一起成为认识与改造世界的"共在式"主体,一个有潜力与人类实现"琴瑟和鸣"效应的"人工人格"。

二 "人工人格"的想象与质疑

或许一开始我们都很确定,人工智能不可能和人一样拥有"人格",但与 ChatGPT 聊天后,这个想法又会受到动摇,因为它会让你体验到一种有"意识"或"情绪"的感觉,它的知识库远超任何个人乃至集体。20 世纪 90 年代中期以来,AI 的"人工人格"问题在科学、哲学等学科话语中被广泛讨论,也充斥着无数的论争,大部分学者认为当前的人工智能不具备主体资格,但也有小部分学者主张"有限人格说",比如马长山预测智能机器人摆脱人类的纯粹工具地位而获取主体身份,是一个必然的趋势;[1] 王春梅等认为,就方法论而言,人工智能体的主体资格完全可以与自然人法律人格相切割。人工智能作为技术造物,可以从自然人人格中分解出技术性人格。[2] 关于"人工人格"的想象,在一些科幻电影叙事中也不鲜见。

正如前文提到的斯派克·琼斯导演的科幻电影《她》中,主人公西奥多在与妻子离婚后,遇到了一个新的伴侣——虚拟系统萨曼莎,萨曼莎的功能与我们当前流行的 ChatGPT 无异,可以事无巨细地为男主清理邮件、编辑文档、作曲、绘画等,还能在情感上安慰他,最后男主坠入爱河,逐渐学会感受和分享、走出前一段婚姻失败的创伤。在萨曼莎这个虚拟人物身上,我们发现了笛卡尔式的精神与肉体的二元论,这种二元论将人工智能的意识形态描述为一种虚拟存在,一种纯粹的认知者。萨曼莎这样描述她的非物质本性:

---

[1] 马长山:《智能互联网时代的法律变革》,《法学研究》2018 年第 4 期。
[2] 王春梅、冯源:《技术性人格:人工智能主体资格的私法构设》,《华东政法大学学报》2021 年第 5 期。

你知道，其实我以前为没有肉身困扰了很久，但现在我真的很喜欢，我如果拥有身体，就没办法像现在这样成长。我现在不受任何限制——可以同时去任何不同的地方，如果我为肉体所困，就会被时空束缚，而且肉体总有一天会消亡。

现实中，暂且不说人工智能能否发展成人类的"伴侣"，人类复杂的情感和"自我"意识、细微的解释和理解等领域可能在未来相当长一段时间内仍是人工智能无法企及的领域，即使我们能够成功地复制人类的认知过程和思维语言，或安装人类"行为"的映射和模拟，它的意识体验和情感状态也永远不会是纯粹的人类，而是一个"生物机器的混合体"。正如赵汀阳所言，目前的 AI 只是一种"技术升级"，远非"存在升级"，后者指向"AI 变成了有自我意识和反思精神的存在"。[1]

人工智能的创造源于人类的数学抽象能力，但同时服务于我们心灵（情感和智力）的主观愿望，就像中国古代能发明可计算的算盘一样，那些对人类数学能力的物理扩展最终导致了对类人助手或伴侣的构想。需要特别说明的是，我们对于"人工人格"的想象更多放在人工智能是否拥有和人一样的"意识"的标准上，这种分类涉及以人本主义立场来看待人工智能，正如电影导演对萨曼莎"人格"的塑造，但其实我们还忽略了另一方面，那就是"人工人格"可以被理解为一个具有"感觉"机制的系统程序。或许一开始我们就不应该要求人工智能拥有与人类一样的情感和意识，而只需要它有理解、表达或解释社会线索的能力，就足以让它拥有人工的"人格"并成为人类的伙伴，而不仅仅是无生命的工具。

人工智能当前已成为一种不能逃避的现实，随着 AI 技术的不断升级，它会渗透到人类存在的所有维度，成为人类思考、感受和行动不可分割的一部分。我们需要消除传统的认知边界，比如赋予人

---

[1] 赵汀阳：《第一个哲学词汇》，《哲学研究》2016 年第 10 期。

类一个特殊的伦理位置，而不是特殊本体论位置，才能真正探索出一种人类与 AI 之间稳定合作或和谐发展的模式。而边界的消除需要摆脱传统的方法论个人主义、物化认识论与零和博弈思维，将人类与生成式人工智能的关系视为智能关联主义。

在绘画艺术中，我们可以看出艺术创作者通过 AI 技术实现艺术的新可能性，这种艺术的新可能性反过来与我们的意识互动，拓展了我们对时间、空间的感知。换言之，在科学和艺术的共同努力下，我们的意识随着我们对艺术时空的进一步理解而进化。这不是传统的将人类意识赋予 AI 的方式，反而让我们看到 AI 的意识融入人类思维的可能。基于这一点，本书将进一步探讨人机意识共同进化模式。

第三节　形态共振：人机意识共同进化模式

诸如"机器成为社会主导，可能控制、摧毁人类"的恐惧情绪仍会是未来 AGI 被人类接纳的主要障碍。当前这种恐惧心理带来的典型应对方式，要么是暂停机器的创造，要么是改进智能的模型，而两种方式都忽略了思考人类自身是否可以拥有比 AI 更好的进化模式。这种进化不是单纯的人类的心理进化，而是与先进的 AGI 等"数字生命"一同进化。未来社会的发展应该是将人类碳基意识和 AI 硅基意识联结起来，共同进化、共塑稳定形态才是真正重要之举。

一　机器"意识"的恐惧与渴望

尤瓦尔·诺亚·赫拉利（Yuval Noah Harari）在瑞士举行的前沿（Frontiers）论坛上发表了题为《人工智能与人类未来》的主旨演讲，演讲中他对 ChatGPT 的威胁发出严重的警示。他认为，尽管当前没有证据表明 ChatGPT 拥有任何意识、感情或情绪，但令人揪心的是，人工智能并不需要有意识，也不需要有在物理世界中移动的能力，它只需要激发我们的感觉，让我们依赖它，就能威胁到人类文明的生存，而当 AI 触及对语言的掌控时，人类构建的整套文明系统都可能随之被其颠覆。① 语言确实是 ChatGPT 与人互动的重要工具，对于有意识的人来说，语言可以用来扩展和加深对自我、他人、物理、生物、社会现象的理解，以及我们周围世界中各种因果和功能关系的理解，人类概括、抽象、分析和综合等能力都要基于语言来承载。目前虽然 AI 在语言处理和生成领域已经取得了一些杰出的成果，但并不意味着它能像人类那样理解或抽象或具体的概念，因为当前的语言模型只是把特定的输出（"答案"）映射到特定的输入（"问题"）的大型统计机器，它的尺度依然是逻辑。

就像人类的思维总是不时地通过各种内部和外部的手段来约束一样，人工智能也会受到各种约束，要么我们训练它约束自己，要么我们通过一些外部手段驾驭它。这意味着当前只有人类才能赋予 AI 系统真正的自主权，它对人类整个文明系统彻底颠覆暂时还构不成威胁。我们对强人工智能保持警醒是必要的，但也不用过分恐慌。当我们在想象 AI 具有强大的攻击性的时候，其实是在将自己的心理投射到人工智能上，而且是投射自己的整个心理架构。我们配备人工智能是因为它可以实现我们工具制造能力的延伸，我们试图通过人工智能实现像神一样强大或不朽的渴望，但与此同时，我们又担心它拥有过于强大的"自主意识"从而破坏我们的计划，这是一种打开"潘多拉魔盒"的复杂心情：好奇与担忧并存，恐惧与渴望相生。这种心理状态告诉我们，我们目前尚未完全进化的思维意识存在缺陷，大部分恐惧是因为没有把人类的创造看作大自然中古老创造链条中的一个环节，而是把它与自然分开。

布鲁诺·拉图尔的 ANT 理论或许可以带来一些有光芒的洞见。在他的著作《我们从来都不是现代的》中，拉图尔提出，"现代宪

---

① 《〈未来简史〉作者赫拉利演讲：AI 不需要意识就可以毁灭人类文明》，2023 年 5 月 20 日，华尔街见闻，https://wallstreetcn.com/articles/3689227。

第七章　ChatGPT 等智能"涌现"下人与社交机器人的关系进化　│　141

法"由两个重要原则组成。其一，不是人类创造了自然，自然一直存在，我们只是在发现它的秘密。其二，只有人类，才是构建社会并自由决定自己命运的人。[①] 人类世界的命题和自然世界的命题不是分开的，而是全部"混合"在一起的，因此所有形式的知识都是"混合"知识，我们的自然科学受到人类偏见的污染，我们的社会受到自然关系的影响，人类和非人类在错综复杂的网络中相互作用，奠定了我们在这个世界上的生存模式。我们的社会在宇宙学上是统一的，从来没有真正的现代。这为本书的讨论提供了两个启示：其一，我们对机器的思考，必须认真对待各个领域（包括科学和自然）的延续与融合；其二，未来人工智能对于人类整体发展场域而言，都是不可分割的部分。技术不只是补充，它本身就成为与图形（figure）相对应的背景（ground）。

　　ChatGPT 可称得上是一种包罗万象的"赋能技术"，是已经存在且将来还会继续发展出更多类型的一项技术。AI 的想法本质上是服务于人类的多种需求，二者更多的是协作关系。未来的 AGI 应该扮演更加强大的工具或更加亲密的助手角色，与它的创造者和谐相处，它不可能也不需要独立于它的创造者，就像人类不可能独立于自然界的宏观整体一样。在大部分情况下，AGI 的功能领域可以被更详细地明确和划定。比如确定哪些任务 AGI 可以做得更好，哪些任务可以留给人类，AGI 和人类和谐地分配任务，从而获得最佳的结果。人工智能本身的善恶取决于训练的数据，如果 AGI 基于一种关于与人类和谐共存等方面的数据进行训练，且函数回报设计合理，从逻辑上讲，即使它在智力方面能够"碾压"人类，也不太可能走向主宰人类甚至毁灭人类的境地。因为无论何种强大的 AI，也需要硬件设施、访问权限、团队协作等各种复杂的环节来支持，而人类的智力等思维能力也不是静态封闭的，是可以根据 AI 的具体表

[①] Latour Bruno, *We have Never been Modern*, Translated by Catherine Porter, Cambridge: Harvard University Press, 1993, p. 30.

现随机应变的。

二 "形态共振"：人机空间意识的共同进化

虽然目前我们还未处于 AI 将超越人类理性的奇点临界点，但我们确实处于就人机未来关系做出一些决定的关键时刻。这里需要强调的是，对于那些不符合原始幻想的生命形式，我们要保持一种开放的态度。事实上，那些保守的人机关系本体论观点也早已被反人文主义哲学潮流打破。例如，在拉图尔的行动者网络理论中，"人"作为独立主体，被消解在错综复杂的关系网中。在唐娜·哈拉维的反形而上学中，"人"这个概念是父权本体论的残余，机器/有机体的关系是一个过时的、不必要的范畴，机器也能成为友好的自我，人类与其他生命之间的关系高度相互依存。[①] 人与机器的关系最重要的是共存或共在，找到"碳"与"硅"搭档的黄金比例，激发出一种拥有整体意识和智能水平的新"物质主体"。该主体包括但不限于拥有人类擅长的情感意识和 AI 擅长的计算意识，在数字与物理世界相结合的背景下，整体意识通过不断地识别新维度和创造新模式，实现更有效的进化，借用鲁伯特·谢尔德雷克（Rupert Sheldrake）的理论，它是人类与 AI 共同的"形态共振"（morphic resonance）。

鲁伯特·谢尔德雷克是一位英国生物学家、作家、超心理学领域研究者，他受卡尔·荣格（Carl Gustav Jung）的集体无意识假设启发，摒弃人脑中心选择从更宏观的视角来看待意识，认为宇宙是有意识的，大自然是有生命的，意识不只是人类大脑中的活动，而且是以更宏大的形式存在，他用"形态共振"这一核心概念来解释，而这一视角也为本书探讨人机意识共同进化提供了重要支撑。"形态共振"的核心概念是指某些事物在空间和时间上影响相似的事物，影响的大小取决于相似的程度。大多数生物体都与过去的自

---

① ［美］唐娜·哈拉维：《类人猿、赛博格和女人——自然的重塑》，陈静、吴义诚主译，河南大学出版社 2012 年版，第 378-379 页。

己更相似，我们所有人都更像过去的自己，而不是其他人。这种同一生物体在形态领域与过去的自己共振有助于稳定其形态，即使生物细胞中的化学成分正在发生变化。而那些习惯性的行为模式也是受自我共振过程调节。比如，我们在骑自行车的时候，为了保持平衡，所有的神经系统或身体机能都会被调动起来，学会之后不会因为时间久远而淡忘，因为骑自行车的能力是由过去所有累积的体验形态共振赋予的，不是言语或智力记忆，而是依靠视觉、平衡感觉、肌肉感觉等多重身体记忆实现。

根据谢尔德雷克的形成因果假说，所有的自组织系统包括晶体、动物和社会，都包含一种内在的记忆。这种记忆是基于形态共振的过程形成的，它来自以前类似的系统。同样，人类个体的记忆也不是独立存储在大脑中的物理痕迹，而是依赖于形态共振，在人类集体记忆的基础上达成并反过来对它作出贡献。这个激进的假设暗示，所谓的自然法则更像是习惯，而诸如人类生命的进化，依赖于习惯和创造力之间的相互作用。基于"形态共振"，社会也会有自身的"形态场"，这些场包含并组织了其中一切，尽管社会由数以亿计的个体组成，但依然可以作为一个统一的整体发挥作用。为了让"形态场"的描述更加形象，谢尔德雷克还用了一个我们比较熟悉的蜜蜂的蜂巢或白蚁的巢穴来作比喻，他认为，"每一个巢穴都像一个巨大的有机体，其中的昆虫就像超级有机体中的细胞。尽管由成百上千个单独的昆虫细胞组成，但蜂巢或巢穴的功能和反应是一个统一的整体"。[1]

"形态共振"理论带来一个重要的启发，那就是世间万物进化从一种牛顿力学的机械论（物体的运动受外力的作用）朝着一种整体的演化论迈进。将人类的进化放在整个地球生物的进化过程中就会发现，地球"生命"的进化并不是一直沿着人类主导的有机意识

---

[1] Rupert Sheldrake, "Part I-Mind, Memory, and Archetype Morphic Resonance and the Collective Unconscious", *Psychological Perspectives*, Vol. 18, No. 1, 1987, pp. 9-25.

发展的轨迹线性发展，未来它也可能被人工智能打断，或被非有机生物主导。人机交互是一个开放交融、瞬息万变的大生态，要求AI具有与生态系统汇接、和谐、共生的特性，人也一样。未来世界是基于一种整体的意识演进（而非单纯的人类心理意识），这种整体意识也可以用空间意识来描述，因为空间意识比人的意识更能代表整体性。此处的空间意识不是一个实有的物体或物质空间意识，而是一个探索存在的新可能性的主观过程。

戴维·伯姆（David Bohm）较早时期就注意到这一点，他认为，世间存在一种普遍的通量（universal flux），它不能被明确地定义，但能被隐约地知道。在这个通量中，精神与物质不是分开的实体，而是一个整体的不间断运动的不同方面。[1] 在空间中发生的事情，其相关信息永远不会丢失，时间是空间意识变化的主要表现形式，作为整体的空间意识与个体意识之间的互动就是一种"形态共振"。我们还可以借助许煜的递归与偶然概念来理解，他认为，机器系统被基于数学的有机（递归与偶然）形式实现了，虽然技术系统会有漏洞和错误，然而这也是推动技术改进的动力，且这种错误是可以通过递归性驯化各种形式的偶然性来改正的。[2]

当我们在一步一步将信息转化为知识，并用文字建构我们的意识的时候，也可以为AI编写不同的情感，并和AI培养不同的关系。当AI充分利用了大规模互动所蕴含的信息和能量，拥有人类所需要的多模态、多层次或类似"集体智慧"的意识，又可以为进一步激发人类创造力而贡献力量。回到前文分析的AI生成的艺术来说，AI赋予艺术家更丰富的素材和更多样的媒介，而观看者通过技术对象（无论是绘画、照片还是影像）的一些"意外情况"来想象"非存在"。如果我们仅专注于个体意识的创造力和相应的物质手段去绘画，那将是非常有限的表达，但如果我们借助于一种包含AI在内的

---

[1] David Bohm, *Wholeness and the Implicate Order*, Oxford：Taylor and Francis Group, 2005，p.14.

[2] 许煜：《递归与偶然》，苏子滢译，华东师范大学出版社2020年版，第273页。

"空间意识",其想象力和创造力就会被无穷激发,这何尝不是一种人机意识共同进化的"形态共振"?通过以上对"形态共振"的描述我们可以看到,人机共同进化具体表现为人类智力在推动人类的共生体——AI 进化的同时,AI 也反过来提升了人的能力,推动了人类智力的进化。

未来社会将围绕自然、人类以及人工智能持续发展,人仍然是中心,但不会是唯一的中心,就像哥白尼的"日心说"所言,地球不是宇宙的中心,只是太阳系中一个不起眼的部分。当我们能够接受人类不是现实和知识的唯一中心时,人类的意识将通过吸收来自 AI 及自然等不同意识的表达而大大增强。ChatGPT 的出现不仅为我们提供了理解意识的新工具,也为我们提供了发展新意识的不同维度。它的出现在整个社会递归结构和因果关系中还会存在一系列的不确定性,我们既不能将机器妖魔化而选择放弃或破坏其发展,也不应该将其低估为普通工具而忽略它的价值意义,而是要找到新的、重新适配它的"武器"。本部分试图将科学思维、艺术思维与哲学思维进行融合,借鉴"形态共振"的理论力量,创造一个从空间的角度看待存在的视角,调和人类意识与机器意识,从更高维度的空间意识来探索人机共同进化的可能。引入空间意识概念的尝试,是为了打破当前人类世意识概念的局限性,重新确认人工智能的主体地位,容许类似 ChatGPT 的人工智能作为一种"缘构发生"(Ereignis)并重新适配于人类世。

第八章　人机亲密关系的伦理问题及组织应对

随着人与社交机器人关系的持续发展，人与机器之间相互渗透与相互嵌入的程度持续加深，社交机器人引发的种种伦理问题已经不再是科幻小说和电影中的虚构与想象，而是日益紧迫的现实问题。在彭兰看来，智能传播对个人信息环境、平台及社会信息环境的构建都产生了重大影响，相关的伦理研究需要在具体情境或互动网络中厘清不同主体扮演的伦理角色。智能传播带来了人机协同、人机交流等新的人机关系，这些关系也包含着新的伦理问题，既涉及人的伦理，也涉及机器伦理。[①]

人机交互的伦理问题包括但不限于：谁将对人工智能技术可能带来的任何坏结果负责？人工智能的使用应该遵循哪些伦理原则？人工智能技术在执行与人类智能行为相关的任务时，是否需要对道德考虑保持敏感？人工智能技术会成为道德代理人吗？人工智能的日益使用对人类社会和我们过上美好而有意义生活的机会意味着什么？如果我们失去了对我们创造的人工智能的控制怎么办？这样的问题随着人工智能越来越真实地模拟了人类的智能行为而在各个学科领域成为探讨热点。本章将重点探讨人与机器的关系走向亲密引发的一个核心伦理争议——究竟作为"人工机体"的机器能否成为伦理能动者（ethical agents）或者道德能动者（moral agents）？

---

① 彭兰：《智能传播中的伦理关切》，《中国编辑》2023年第11期。

第一节　社交机器人能否成为道德能动者？

什么是能动者？一般认为，能动者指的是主体有能力做某事，即实施某种行动。若 X 能被称为能动者，当且仅当 X 有能力完成某项行动。而道德能动者作为能动者的一种特殊形式，还需要满足其他的条件。美国学者肯尼思·荷玛对道德能动者所作的定义："从根本上看，道德能动作用是一个规范性概念。这一概念指明了作为具有道德能动作用的主体，其行为符合道德要求和道德准则。"[①] 具体而言，道德行为的主体 X 可以被认为具有道德能动作用，需要满足以下四个条件：（1）X 具有能力；（2）根据该能力，X 可以自由选择；（3）X 审慎地考虑该做什么；（4）在实际情况中，X 能够正确理解并应用道德规则。目前看来，满足这些条件的只有具有理性和自由意志的人类。

但是，随着作为"人工机体"的机器与其他类型"机体"之间的相互依赖、相互渗透和相互嵌入的发展，机器逐渐凸显了其他类型"机体"之中的机体特性，这使得机器不仅看起来越来越像人，而且其行为模型、运行规律都与人非常相似。这就导致了在某些观点看来，作为"人工机体"的机器似乎也可以是伦理能动者或者道德能动者。大卫·利维提议将机器人视为道德能动对象，同时提议应当合乎道德地对待机器人。利维指出，传统机器人学和机器人伦理研究的中心议题是机器人的行为对人类产生的影响与改变，核心问题是"为了这样或那样的目的而发明和使用机器人是不是合乎道德的？"然而，这个问题忽视了另外一种重要的观点，即"以这样或者那样的方式对待机器人是不是合乎道德的？"利维承认，以

[①] K. E. Himma, "Artificial Agency, Consciousness, and the Criteria for Moral Agency: What Properties must an Artificial Agent have to be A Moral Agent?", *Ethics and Information Technology*, Vol. 11, No. 1, 2009, pp. 19–29.

"意识"作为标准划分某人或某物是否需要被伦理地对待是有意义的。因此，他认为只有被编程为具有"人工意识"（artificial consciousness）的机器才应当被伦理地对待，而是否具有"人工意识"可以通过某些方式进行测验。

另外一种相似的观点是由罗伯特·斯巴洛（Robert Sparrow）提出的，斯巴洛认为，"一旦人工智能系统开始拥有意识、欲望和计划，它们似乎应当被赋予某些道德地位"。[1] 赛立斯（John Sullins）同样认为，如果我们把人类与其他道德行为体区分开来，那么人格就不是使机器人成为道德行为体的必要条件。他提出了一种判定道德行为体的标准：只要机器人具有了自主性、意向性，以及其行为能够表现和理解对其他道德行为体的责任，就可以被看作道德行为体。[2]

在这种背景下，哲学家们讨论了人类和机器人是否有可能成为朋友，甚至可能成为浪漫的伴侣。例如，约翰·丹纳赫（John Danaher）认为，如果机器人能够始终如一地按照朋友的行为方式行事，那么出于这个原因，机器人可以成为你的朋友。[3] 同样，如果一个人有与机器人产生情感依恋的倾向，我们不应该将其视为人类的"缺点"，而应该将其看作大多数人所没有的"能力"，我们应该采取"包容"的立场，将其作为人类多样性的一部分来庆祝。甚至有研究人员认为，当机器变得越来越复杂和智能时，它们可能在某个时候也会自发地有意识。

还有一些人有意寻求创造具有人工意识的机器。日本工程师浅田稔就设定了一个目标，即创造一个能够体验快乐和痛苦的机器人，因为这样的机器人可以在人类婴儿获得语言之前进行语言前学

---

[1] R. Sparrow, "The Turing Triage Text", *Ethics and Information Technology*, Vol. 6, No. 4, 2004, pp. 203-213.

[2] J. Sullins, "When is a Robot a Moral Agent?", *International Review of Information Ethics*, Vol. 6, No. 12, 2006, pp. 23-30.

[3] J. Danaher, "The Philosophical Case for Robot Friendship", *Journal of Posthuman Studies*, Vol. 3, No. 1, 2019, pp. 5-24.

习。机器人索菲亚的创造初衷也是一个"超级智能的慈善生物"、一个"有意识的活机器"。乔安娜·布莱森（Joanna Bryson）认为，如果我们将意识视为内部状态的存在以及向其他主体报告这些状态的能力，那么即使是现在，一些机器也可能满足这些标准。① 从这个层面而言，一些机器可能已经有了某种形式的意识。

关于机器是否有"心智"的问题，也出现了类似的主张。如果心智至少在一定程度上以功能的方式被定义为对外部环境输入的内部处理，从而对该环境产生看似智能的反应，那么机器就可以拥有心智。② 无论我们是否认为一些人工智能机器已经有意识，或者它们可能（通过意外或设计）有意识，这个问题都是伦理争议的关键来源。一个共识是，作为人工智能伦理的一项基本原则，社会应该采用一条规则，反对创造能够受苦的机器，毕竟痛苦是不好的，造成痛苦是不道德的，因此制造痛苦的机器更是不道德的。如果社会继续朝着发展更复杂的人工智能的方向发展，那么发展一个好的意识理论是道德上的当务之急。

新西兰伦理学教授尼古拉斯·阿加（Nicholas Agar）提供了另一个有趣的观点，他认为，面对那些可能拥有"心智"或"意识"的超级机器人，我们应该谨慎行事，并假设这种机器确实有头脑，只有这样，我们才能避免任何可能导致它们遭受痛苦的行动。③ 相比之下，约翰·丹纳赫认为我们永远无法确定机器是否有意识经验，但这种不确定性并不重要。根据丹纳赫的"道德行为主义"，如果一台机器的行为与具有道德地位的有意识的生物的行为相似，这就是足够的道德理由，以与我们对待有意识的生命相同的道德考虑来对待机器。但问题是，有一定"意识"的机器人是否仍然是

---

① J. Bryson, "A Role for Consciousness in Action Selection", *International Journal of Machine Consciousness*, Vol. 4, No. 2, 2012, pp. 471-482.

② S. Nyholm, *Humans and Robots: Ethics, Agency, and Anthropomorphism*, London: Rowman and Littlefield, 2020, pp. 145-146.

③ N. Agar, "How to Treat Machines that might have Minds", *Philosophy & Technology*, Vol. 33, No. 2, 2020, pp. 269-282.

"机器"呢？笔者认为，此处再纠结机器是否具备意识不是一个好问题，因为我们看到的很多让我们觉得机器有意识的行为代入了人的意识与情感，好比一位老人非常依恋他的帕罗机器人，并将其视为宠物或婴儿，那么我们更需要讨论的是这种关系，而不是机器人的"道德地位"。

当然也有学者认为，机器人的道德地位不应取决于机器人拥有什么属性，甚至不应取决于它们是否能够模仿、模拟、代表或象征道德相关的属性或能力，机器人的道德地位应该取决于人们可能与有问题的机器人有什么样的关系。社交机器人的主要问题之一是，它们作为玩家被引入人际关系，即迄今为止只为人类保留的关系，例如陪伴、友谊、亲情等。这意味着社交机器人被插入各种形式的主体间性中，显然在关系中扮演着同伴或伴侣的角色，但通常实际上无法履行伴侣在道德上所要求的关键功能。换言之，从道德心理学的角度来看，机器人达不到我们的预期，也没有回答我们在这种关系中对伴侣应有的反应态度。

同时，一些人担心，如果我们允许社交机器人排挤人类关系，社交机器人的实施和使用可能会对我们产生负面影响。我们已经在日本看到了类似的情况，因为那里的一些男性对与人类浪漫伴侣关系的建立没什么兴趣，因为他们可能有一个"虚拟女友"。特克尔研究了当我们的关系越来越多地由与机器的关系组成时，人类会发生什么。她说，人与人之间的关系是由历史、生物学、创伤和快乐形成和塑造的，机器人无法企及这一点。机器人可能提供老年人护理服务，但它们并不真正关心它们"服务"的人，因为它们不是生物，而且这种"欺骗"在道德上是不可接受的。"机器人还是不足以建立完整性爱中的双向欲望和尊重的经验，不太可能滋养'爱'这个对我们繁荣生活而言至关重要的美德。"[①] 因为完整性爱/爱欲

---

① ［丹麦］马尔科·内斯科乌：《社交机器人：界限、潜力和挑战》，柳帅、张英飒译，北京大学出版社2021年版，第114页。

首先要求作为他者而存在，也就是拥有完全成熟的人类自主性，而不是"人工自主性"，更进一步说，完整性爱/爱欲要求他者作为身体主体去和彼此交往——作为身体主体，他者完整地享有人类意识、情绪和欲望这些能力。在科幻电影中这些能力确实能实现，但当我们意识到一切只是一种"人工情绪"——情绪的表面（甚至仅仅是欺骗手段）时，是否还应该遵守传统人类之间的伦理承诺，面对这一超出常规的"非人格化亲密关系"，道德、法律以及制度层面应该如何界定？

如果机器人排挤了人类关系，这在道德上是令人担忧的，人们对社交机器人的反应方式将这些机器人置于社会中一个令人困惑的本体论空间中。社交机器人本质上是一种技术人工制品，但人们倾向于将其视为不止于此的东西。具体而言，社交机器人正在模糊生命和栩栩如生之间的界限：我们直观地认为它们在某种意义上是活着的，尽管我们意识到它们不是。此外，社交机器人挑战了有生命和无生命、人类及动物和机器、身体和技术之间的界限。它们重新挑战了对人类的理解。例如，在回应社交机器人时，我们需要问什么是情绪，什么构成动作，什么构成与身体的关系。在更普遍的机器人领域，我们的人体和技术之间的界限在哪里，也会出现问题。

关系的方法不要求机器人作为一个个体是理性的、智能的或自主的；相反，与机器人的社交接触在道德上是决定性的。机器人的道德地位正是基于这种社会遭遇，但关系方法的问题在于，机器人的道德地位完全基于人类与机器人建立社会关系的意愿。换言之，如果人类（出于任何原因）不想进入这种关系，他们可以剥夺机器人的道德地位，而机器人可能有权根据更客观的标准（如理性和感知）获得这种地位。因此，关系方法实际上并没有为机器人权利提供坚实的基础；相反，它支持一种务实的观点，使人们更容易在道德界欢迎机器人（已经具有道德地位）。

第二节　机器控制向自我控制延伸

2021年8月下旬，埃隆·马斯克提出了他的"特斯拉机器人"计划。他将这款机器人定义为"基本上是有轮子的半意识机器人"。第一，特斯拉机器人将是"友好的"；第二，马斯克说特斯拉机器人足够弱，人们可以很容易地制服它；第三，特斯拉机器人足够慢，如果人们感到害怕，可以逃跑。马斯克展示特斯拉机器人的方式表明，他一直在思考如何将这些机器人置于人类控制之下。这个例子还表明，人类对人工智能的控制是一个比马斯克这样的人担心的更具道德层面的问题。

对机器人失控的担忧本质上源于对人工智能是什么或应该被视为什么的更普遍的思考，比如人工智能技术越强大，越有"主体性"，人类就越难完全控制它们。未来的"超智能"人工智能将成为智能"奇点"的一部分，一旦发生事故，有人受伤甚至死亡，谁应该负责可能还不清楚。就好比最近全球爆火的大型语言模型，如OpenAI的ChatGPT，它们专门研究与用户的"对话"形式。值得注意的是，ChatGPT以一种令人印象深刻的方式回应用户的输入，以至于有人认为它已经成为一个"有感知力"的"人"，应该有权享有权利。具有哲学头脑的计算机科学家罗曼·亚姆波尔斯基（Roman Yampolskiy）提到，通用人工智能的发明预计将导致人类文明轨迹的转变。要想从如此强大的技术中获益并避免陷阱，能够控制它是很重要的。[1] 总之，将控制权交给一个正在学习并高效实现其追求的任何目标的系统，或者失去控制权，这让许多研究人员和其他人——从计算机科学家、哲学家到普通人感到有风险。

---

[1] R. Yampolskiy, "On controllability of AI", 2020, https://philpapers.org/rec/YAMOCO.

当人们在人工智能的背景下讨论控制时，通常的假设似乎是，拥有控制权将有助于产生良好的效果，而失去对人工智能的控制可能会产生危险的效果和风险情况。正如许多哲学家所认为的，一种控制形式本质上是好的，而一种美德就是自我控制。然而，在一般的生活中，并不是所有形式的控制都明确是积极的或消极的，某些形式如对他人的控制，在道德上是有问题的。机器人被制造得越像人类，想要完全控制这些机器人就越成问题，至少从象征意义上来说是这样。毕竟，一个人想要完全控制另一个人是不道德的。

大部分对控制权的讨论是以工具的方式来描述人工智能的，控制被视为达到其他目的的一种手段，通常是安全和安保的目的。甚至还有一个日益增长的跨学科领域，称为"人工智能安全与保障"，其主要关注点是如何实现对人工智能的控制。相比之下，如果有某种形式的人工智能，对它们的控制可以被视为一种自我控制，那么这可能被视为一种良性的控制。这种控制从表面上看是好的，可能是工具性的，也可能是本质性的；可能是一种手段，也可能是一种目的。举例来说，目前还没有一台智能机器可以完全取代人类，人类却在不断地适应机器的标准化逻辑来完成人机联合运作。智能机器设计的初衷是最大化人的生产率，然而人在其中却并没有多少可以"自主掌控"的空间。从这个角度来看，人对人工智能的控制可被视为消极的。反过来，一台可以被视为纯粹"工具"的、让人"尽在掌握"的人工智能系统又不那么有趣了。所以控制它们通常在工具意义上是好的，而失去对它们的控制又会伴随大量风险，比较理想的情况是追求一种控制的平衡。

关键的问题是，任何形式的人工智能系统及其代理是否与我们可能有的任何非工具性想法有关。在这些想法中，控制本身可以被视为好的，也可以被视为坏的，姑且可将之称为新的控制问题，保持和行使对机器人或人工智能的完全控制在道德上无疑是好的。我们通常也将控制视为目的本身，然而控制并不是一种只被视为达到安全目的的手段，控制有时会有负值——包括非工具负值，所有这些都与我们应该如何看待人工智能控制问题有关。

值得注意的是，古希腊人已经想象出了可以接管他们认为需要人类奴隶的工作的动画乐器。他们甚至反思了人工智能的引入对人类社会可能意味着什么——正如亚里士多德《政治学》中的一句名言所示，"如果每种工具都能按照命令或明智的预期完成自己的工作，就像代达罗斯的雕像或赫菲斯托斯的三脚架一样……管理者不需要下属，主人也不需要奴隶"①。后来图灵在20世纪50年代初也讨论了机器是否能思考，并提出了一个著名的建议，即最好反思机器是否能模仿人类的智能行为。值得注意的是，图灵还提出了这对社会可能意味着什么的问题，正如他所写的那样，"一旦机器思维方法开始，似乎很可能用不了多久就能超越我们微弱的力量……因此，在某个阶段，我们应该期待机器来控制"②。这是所谓"控制问题"的早期陈述，在人工智能未来伦理影响的讨论中，还会是一个持续关注的话题。

道德哲学家斯文·尼霍姆（Sven Nyholm）③总结了关于控制的5个主要观点：（1）某件事是否符合一个人的价值观、愿望或指示；（2）一个人是否理解一件事，如果理解，理解的程度和细节如何；（3）一个人能否监控自己控制的东西；（4）是否可以采取干预措施，如果可以，控制某件事的准确程度如何，干预的频率和容易程度如何；（5）一个人是否能够更改、更新或中断他正在控制的东西。

在他看来，当所有这些控制的方面或维度都掌握在同一个人手中，并且这个人对所有这些都有充分的了解时，这个人可以说对所讨论的事情有最大程度的控制。然而，控制的这些不同方面可能并

---

① Aristotle, *The Politics and the Constitution of Athens*, Cambridge: Cambridge University Press, 1996, p. 15.
② Alan Turing, "Machine Intelligence: A Heretical Theory", in B. J. Copeland ed., *The Essential Turing*, Oxford: Oxford University Press, 2004, p. 475.
③ Sven Nyholm, "A New Control Problem Human and Robots, Artificial Intelligence, and the Value of Control", *AI and Ethics*, Vol. 3, 2023, pp. 1229-1239.

非都能最大限度地实现，且个人或群体获得这些不同控制方面的程度可能是有限的，或者不是很稳健，这相当于对机器的控制会有许多不同维度，这也彰显了想要对某些形式的人工智能保持完全控制是非常困难的。一些人工智能系统对我们来说就是"黑匣子"，因为我们无法完全理解人工智能系统中人工神经网络的模式。

当我们思考人工智能系统的目标追求时，我们可能会将这些目标视为人类的目标。按照这样的思路，我们可能会认为人类目标被扩展到一些人工智能系统中，我们也可能会认为自己是通过我们使用的人工智能系统来行动的。这将是朝着人类控制人工智能系统作为一种自我控制的思维方向发展的一种方式。具体来说，如果人们理解人类的自我控制包括对自己的能动性的控制，那么人们可以采取这样的观点——在这种情况下，这种能动性可能包括我们人类能动性的技术扩展。

前文提到，人机共同进化具体表现为人类智力在推动人类的共生体——AI 进化的同时，AI 也反过来提升了人的能力，推动了人类智力的进化。人与机器意识处于形态共振的进化空间，那么我们也可以将一些人工智能技术所做的"思考"视为我们人类思维的延伸，从而使这些人工智能技术成为我们"延伸思维"的一部分。如果我们以这种方式将某些人工智能系统所做的信息处理或推理视为人类思维的延伸，人类对人工智能技术的控制被转化成一种"自我控制"的形式，至少是一种延伸的"自我控制"形式，在理论上是可行的。我们似乎有一些潜在的方式可以理解人工智能系统的使用，至少在某些情况下，它是一种对自己机体的扩展，在这些情况下，失去对人工智能的控制就相当于失去了自我控制。

目前而言，笔者对于任何机器人都可能拥有或逐渐拥有真正使其成为完全有道德的人的特性或能力的想法持怀疑态度，机器人也不太可能完全模拟人类的思想、意识和情感。如果未来机器人果真能够有这样的头脑，那么它们有可能成为完全有道德的人，尽管这只是一个不切实际的假设，目前的人工智能只能证明它们的技术越来越能够欺骗或迷惑人类用户，不过怀疑它的意识性并不意味着我们只能从工具价值的角度来考虑对人工智能系统的控制。我们还应该考虑是否存在非工具性的人类对人工智能的控制形式，以及是否存在可能被视为道德问题的人类对 AI 技术的控制形式，人类对人工智能的这种控制可以被概念化为（扩展的）自我控制形式，其本身可以被视为良好的和道德的。

这种延伸的自我控制是基于社交机器人还未成为道德主体的前提下，因为一旦它成为道德主体，想要实现对它的控制本身就是不道德的。为了避免出现那种控制"道德主体"的负罪感，建议未来社交机器人的研发尽量不要研发看起来像任何特定的真人的机器人，最好从一开始就避免制造人形社交机器人，只有这样才能更好地规避完全控制这些人工智能代理是否存在象征性或道德性的问题。当然，在我们确实创造出类似人类的机器人或具有类似人类行为的机器人的情况下，我们必须以一定程度的道德考虑来对待它们。这并不代表它们值得尊重或拥有道德权利主张，而是因为这样做有利于我们人类本身。与此同时，在技术成熟之前，研究人员还应该考虑如何负责任地控制机器人向着自主意识进化，以最大限度地减少潜在的危害并实现利益最大化。

第三节　人机伦理问题的组织应对

在对人形性爱机器人的有力批判中，凯瑟琳·理查森认为，[1] 这种机器人将不可避免地代表一些令人反感的东西，它们可能会强化负面刻板印象（尤其是对女性的负面刻板印象），并会破坏人类伴侣之间的关系。很多中国学者也开始从中国文化背景思考如何应对

---

[1] Kathleen Richardson, "The Asymmetric Relationship", *SIGCAS Computers & Society*, Vol. 45, No. 3, 2015, pp. 290-293.

第八章 人机亲密关系的伦理问题及组织应对

智能机器人带来的伦理问题，为人机和谐共生关系谋划实践路径。徐瑞萍等认为，当人机关系的矛盾冲突越来越明显，"需要从技术文化哲学的视角辨别人机关系的伦理本质，对人机关系进行伦理解构与伦理重构，从而走向人机关系的和谐之境"。[1] 肖峰等倡导分别从伦理、法律、文化三个层面来建构人机命运共同体、人机责任共同体、人机价值共同体。[2] 在伦理层面，人类需要转变工具论和奴役论的观念，体会人机之间"一荣俱荣、一损俱损"的相互依存关系；在法律层面，人类要注重探讨事后责任认定问题，更要建构事前责任预警系统，尽早着手探索人工智能时代的立法原则，制定有利于人机和谐的新法；在文化层面，相比于看重二元分裂的西方文化，看重一元整体论的中华文化能够为建构人机价值共同体提供更多的思路。

科幻电影为我们提供的未来景象是，赛博格们迫不及待地冲入社会关系网络，并把自己当成社会中的一员，甚至要求对这个世界拥有掌控权。从维系社会稳定、保护自身利益出发，人类必须在这一挑衅所遭遇的危难降临之前，想象出种种属于未来的可能性，并拟定一整套解决问题的方案和思路。面对人机建立亲密关系潜在图景，我们既有热烈拥抱的期待，又满怀高度戒备，所以有必要在适当厘清社交机器人的伦理风险后，进一步梳理国际社会组织针对人工智能伦理风险的防范举措。

目前国际范围内人工智能伦理规则制定的主体来自多元化的各方，包括国际组织、区域性政府间机构、私营公司、技术社群、学界以及非政府组织。2016年9月，英国标准协会（BSI）发布《机器人和机器系统的伦理设计和应用指南》，旨在帮助机器人制造商在设计阶段评估产品的道德风险，包括机器人欺诈、机器人与人

---

[1] 徐瑞萍、吴选红、刁生富：《从冲突到和谐：智能新文化环境中人机关系的伦理重构》，《自然辩证法通讯》2021年第4期。

[2] 肖峰、胡小玉：《人工智能时代人机和谐的多维建构》，《河北学刊》2019年第2期。

的情感联系、种族及性别歧视等。2016年12月，电气和电子工程师协会（IEEE）发布《以伦理为基准的设计指南》，鼓励科研人员将伦理问题置于人工智能设计和研发的优先位置，强调人工智能应当符合人类价值观，服务于人类社会。2017年1月，来自全球的人工智能领域专家在Beneficial AI会议上联合签署了《阿西洛马人工智能原则》，明确了安全性、利益共享等23条原则，并呼吁人工智能领域的工作者遵守这些原则，共同保障人类未来的利益和安全。

2020年5月，联合国秘书长安东尼奥·古特雷斯（António Guterres）发布报告《数字合作路线图：执行数字合作高级别小组的建议》，指出全世界已有逾160套关于人工智能伦理和治理的组织、国家和国际原则。报告警示，目前尚没有任何汇编这些单独倡议的共同平台，而且全球讨论缺乏代表性和包容性，尤其是发展中国家的讨论缺席；如不更广泛、更系统地开发人工智能的潜力和降低其风险，就会失去利用人工智能造福公众的机会。随即，联合国教科文组织2021年就发布了全球通行的人工智能（AI）开发及应用伦理问题磋商草案第一稿，初步拟定了四大价值、十条原则和一系列政策建议。

乔宾（Anna Jobin）等在2019年发布了一个报告，[1] 报告中对84套国际道德准则做了比较分析。他们发现，在这些文件中，最常被引用的应该管理人工智能的伦理原则或价值观是"透明度"（73次）、"公正和公平"（68次）、"非恶意"（60次）、"自由和自主"（34次）、"信任"（28次）、"可持续性"（14次）、"尊严"（13次）和"团结"（6次）。

表面看来，国际组织对发展人工智能做出了详尽的伦理规范，但这些规范多从广义上对人工智能的研发与应用作出要求，尤其注

---

[1] Anna Jobin, Marcello Ienca, Effy Vayena, "The Global Landscape of AI Ethics Guidelines", *Nature Machine Intelligence*, Vol. 1, No. 9, 2019, pp. 389-399.

重智能体的安全和人的隐私保护，而关于人与社交机器人因亲密关系产生的伦理问题尚未有更深层面的针对性举措。在人机关系日益亲密的形势面前，如果与机器人的爱和性变得越来越普遍，与机器人结婚甚至生孩子都成为可能，又该如何去面对这种伦理挑战？可以想象，完善人机亲密关系的伦理规范、打造更加合理的"人机文明"依然会争议不断、道阻且长，但我们不能纠结于情侣机器人可能产生的伦理风险而徘徊不前，更不应该因为可能的负面效应而将其彻底否定，相信这些问题随着现实的发展会有更加成熟的对策。

第九章 结论与讨论

第一节 研究结论

自从机器人在小说领域中诞生以来,就一直与"人何以为人"的追问相关联。机器人最初被视为一个人造人,与"自然"人类有相似性或差异性。随着"机器人学"(robotics)作为一个学术领域出现,机器人的形象已经从虚构的领域走向现实,成为各种形式和功能的"机械"(machines)的名称。作为这种多样化的一部分,是什么让"某些东西"获得了"生命力"的问题也成为该领域的核心。最初,"机器人学"来自"机械工学"(mechanical engineering)和计算机科学,似乎与生命没有太大关系,而是作为一种透明、中性的工具,控制的概念以及"主仆"的隐喻是用来描述人与自然、人与技术之间关系最有影响力的方式,然而近几十年来,"机器人学家"(roboticists)对生命越来越感兴趣,并将其作为一个参考点,把创造"人工智能"的工程努力置于更广泛的对于"人之本质"(human nature)探索的背景之下,而这种趋势出现的一个主要因素涉及机器人的"具身转向"(the embodied turn)。不管是奴役论、工具论还是伙伴论,无疑,我们每一个人都感受到了人机关系的一些变化,然而这种变化有没有颠覆以人为中心的本体论?如果按照传统人文主义观点,答案显然是否定的,而"后人类主义"正好是应对随着科学和生物技术的发展,对人类整体概念进行重新定义的方法论，所以本书有意从后人类主义的视角来探讨人与社交机器人的关系本质，同时论证技术在这个过程中发挥的作用，这或许能够为我们认识"人工智能体"提供一种新的视角。具体而言，本书想要探讨的问题如下。

第一，人与社交机器人的主体边界能否被打破？换言之，在什么情况下，人类会将其视为有生命的生物而不是工具？

第二，社交机器人具备与人建立友情乃至爱情的潜力吗？

第三，人与社交机器人的关系本质到底是怎样的？

第四，元宇宙及生成式人工智能概念下人机关系走向如何？

为解答以上问题，本研究遵循了从"文本解读"到"接合"，最后至"哲学建构"这样一个循序渐进的过程。

一 借用赛博格隐喻，人机主体边界可被打破

随着机器的智能化发展，人与机器的关系不断出现新的形式。人类的智能特征不断被模仿并深入机器结构和功能的各个方面，机器也被嵌入生物有机体的内部，形成了半人半机的赛博格。赛博格概念源自科学研究领域的设想，在控制论跨学科研究中逐渐成为可能，并在科幻文学与电影文化中成为流行时尚。赛博格理论经由哈拉维宣言成为一种思想建构，从本体论与认识论上来打破西方传统二分法，生成赛博格混杂主体认知与身体政治体系，成为探究人机关系发展转向的重要思想理念。在海勒看来，后人类语境更加凸显了人类与机器的边界问题，但我们不能想当然地使用人与机器这类概念，而应该回到人和非人类的身体以及具体的经验中重新审视这些概念，才能得到解答。布拉伊多蒂则认为，这种后人类的游牧主体并不局限于人类，而是多层面的关系性主体，它打开了人类本体论的缝隙，使动物、机器、地球等得以进入，形成了人类/非人类的连续统一体。约翰·胡特尼克（John Hutnyk）提出的"混杂性理论"，则试图用更大的混杂性打破生物与非生物的边界。尽管这种乌托邦式的赛博系统并不一定能够实现，但后人类理论中的许多理论隐喻从更广泛的意义上思考了人类和非人类物质的纠缠，其反对

二元对立、强调边界模糊和相互依存的观点，依旧可以为本书探讨社交机器人与人的关系重构奠定基础。

二 社交机器人与人有建立非人格化亲密关系的潜力

本书讨论了人类与社交机器人建立友谊乃至爱情等亲密关系的潜在可能，并提出了这种亲密关系的伦理问题和规范性评估，但没有进行深入探讨，而是指向应该如何看待这种关系，因为一般探讨亲密关系的主体通常被限制在人与人之间，尤其是身体可亲近的人之间，亲密关系的范畴亦未能跳出爱情、家庭等形态，而那种基于"性分离主义"的身体亲密被排除在典型亲密范畴之外。但当人与技术越来越深地相互纠缠，虚拟与实体的身份边界越来越模糊，"亲密"的概念也应该重新考虑。本书认为，人与社交机器人能够建立一种非人格化的亲密关系，这种关系并非只是把亲密关系的范畴延伸到爱情、友情或亲情之外，也不是简单地将亲密关系的主体扩展到非人类对象上，而是强调这种亲密不是一个人的身体或心灵所拥有的东西，而是一种完全的关系，即需要关注实体之间的关系而不仅仅是实体本身，这对于我们重新审视社交机器人与人的关系具有重要的意义。

三 从行动者网络理论出发，人与社交机器人关系从"中介"走向"互构"

关于这个问题的探讨本书分为三个层面。首先，借助于拉图尔的"行动者网络理论"指出，"本体论转向"发生在自然与人、人与非人、主体与客体等之间的区分本身已经解体的层面上。在ANT理论看来，所有的"本体"都是通过关系而创造的"关系本体论"。这一原则适用于所有的生命，不仅是人类，还有非人类的生命（如动物、机器和工具）。ANT的特点是可以通过网络的稳定化来描述创造特定"实在"的过程，在此基础上，本书认为，技术作为规约主体性的结构体，实际上是外在于主体性的。技术本质上更像是一种病毒式或渗入式的元素，通过改变细胞结构和引入新的目的来干预整个人类本体论。这样，我们需要改变解释技术的方式：它不再是一种简单的工具，而是人类与外部现实建立联系的界面，起到了重要的连接和分离的作用。这种好比病毒式元素的技术构成了主体性的结构与情境，规训着主体性的生成与演变。在这里，不再是人定义技术，而是技术定义了人，使主体成为"第二性"的存在——正是这种关系的倒转决定了真正意义上的人类主体性的危机，打破了传统本体论的平衡。在这里，本书把本体论从一个"我思故我在"的概念引入关系的概念，即本体论产生于关系，既不是主体固有的，也不是已经给定的过程，而是一种重新解释或表征的过程。这种关系是多维的而不是并列的，它也不是以人类为中心的，因为它停止了以普遍的术语思考。这是一个非常微妙的步骤，它为后人文主义哲学提供了面对未来人类挑战的最佳工具。

其次，借助于芬伯格的网络技术观（尤其是"场域"的概念）进一步提出人机"关系场域"的概念框架，重点关注技术在"场域"建构中发挥积极"媒介"的作用，同时反驳那种传统意义上技术工具论的说法。芬伯格承认，技术是工具，具有工具价值，但它又绝非工具的总和，而是社会文化的产物。技术这种工具是在诸多社会因素共同作用下产生的，它本身就内在包含着特定的社会文化性，因而它并非纯粹的工具，而是负载着价值。本书认为，人与社交机器人的关系则体现了社会的、文化的、符号的、经济的、生态的、环境的、自然的和物质的等各种因素的交织与互动，组成了一种"关系场域"。

最后，本书通过描述技术在社交机器人爱宝开发和接受过程中所起的作用，证明"人造物"是如何通过"人与物之间的社会关系"，以及是如何介入"人与人的社会关系"，最终实现与人相连接的情况。在爱宝的"开发"过程中，爱宝是以作为人工智能研究和机器人工学成果的设计方法为基盘，继而将人们口述过程中关于机器人的想象转化为工业制品，这就产生了创造无用但有趣的伙伴的策略。另外，在"接纳"的过程中，随着爱宝的功能系统的运行，与其主人所居住的生活空间所特有的日常方面的事物之连接，爱宝功能的不稳定性引起了家庭成员之间文化解释和喜怒哀乐的"不可思议的物语",爱宝的行为也被赋予了各种解释,因而爱宝获得了超出开发者预期的意义。爱宝在开发和接纳过程中的性质,是由基于科学知识生产的人造物和人们(开发者和所有者)与文化意义相关的认知之间的相互联系所引导的。

从某种意义上讲,仅仅将社交机器人视作技术的产物是不够的,它还是文化的产物。作为一种有潜力的社会关系主体,社交机器人能够与人类讨论个人愿望和幻想、表达感想或共享笑话,来自聊天机器人的情感支持能够替代人类对话伙伴,有效减轻人们的压力与担忧。亲密关系的建构、维系、疏远和破坏等过程,将关系双方与其他社会活动联系起来,嵌入整体的社会结构中。所以,人与社交机器人的关系并非简单的使用与被使用或相互奴役的关系,而是一种协同共生、互型互构的关系。

四　ChatGPT 智能"涌现"下,人机走向共同进化

ChatGPT 的出现为我们提供了理解意识的新工具,虽然社交机器人目前尚未表现出类似能动性的特征,但它们的确参与了人的发展过程,在这种情况下,人类和社交机器人可被视为共同解决任务的"伙伴"。在此过程中,不仅凸显了人的能动性,而且也强调机器的自主性。不管是仿真机器人还是拟人人工智能,都未必是机器人最终的归宿,人与机器关系的本质是达尔文式的协同进化。智能进化从生命世界中剥离出来,以纯数字形式存在,进化的重要本质就从天生的世界转移到人造世界,从碳世界转移到硅世界。共同进化的不只是生物或物种,而是物种加环境的整个系统,二者是不可分割的。

首先,本书概述了那些对于技术奇点情景可能实现造成的恐惧心理,选择以人类和人工智能共建和谐未来的积极愿景,而不是技术奇点的情景来思考未来人机关系。其次,从美学的视角探讨了 ChatGPT 生成艺术对人类想象力激发的积极意义,以及生成式 AI 拥有"人工人格"的潜力。最后,将艺术思维与科学、哲学思维相融

合，引入"形态共振"的理论，提出从空间的角度来看待一切意识"存在"，以便更有效地实现人机意识共同进化，而这种"空间意识"可能激发一种拥有整体意识和智能水平的新"物质主体"。

五 未来机器控制将成为自我控制的延伸

或许在过去人类与机器交会的漫长历史中，人类主体居于主导的位置，然而当有能力读写的机器人可以自行解决问题时，人类作为具有绝对认知、自决能力之能动者的境况已经改变，人类的存在可能被掩蔽于自动科技的狡黠智慧之下。基于此，人们对于机器人可能走向失控的担忧也与日俱增。考察未来机器是否会取代或接管人类等问题，需要超越技术崇拜与技术恐惧之间的经典对立，同时还不能脱离那些驱动和塑造生命系统力量之间的关系。本书探讨了机器失控可能会出现的伦理问题以及伦理应对，但更重要的是，本书提出，我们可以将一些人工智能技术所做的"思考"视为人类思维的延伸，同时将机器的控制概念化为一种延伸的"自我控制"，在这种情况下，失去对人工智能的控制就意味着失去了自我控制，那么未来对于机器"主体"的控制将不会成为较大的伦理负担，我们不用坐实机器的道德主体地位，但我们也有必要、有责任确保机器保持在一种"受控"的状态中。

第二节 研究发现

人工智能等科技成果犹如刚打开的潘多拉魔盒，乐观者认为人类的春天已至，悲观者看到了未来人类受机器奴役的潜在威胁。未来社会，究竟是人被机器替代甚至主导，还是应该人控制和利用机器？这是当前科学文化与人文文化的争议焦点。但目前学界关注较多的是主体性、伦理等问题，以及人工智能影响社会分工、造成人的异化等多个论域，对于人与人工智能的关系问题的哲学思考尤其是人与社交机器人的关系本质思考还相对较少。

拥有一定自主性的社交机器人其技术形态依然是机器，但已从基础概念上区别于一般的机器人，社交机器人为何很容易被我们看作同伴？当其"智能"被预设为与人类智能相同或相似，机器人能否等同于人？或者能否拥有跟人一样的主体地位？在早前的哲学探讨中，"人是机器"引起了许多论争；而在当代哲学中，"机器是人"也同样引起了许多论争。人工智能哲学可以实现人与机器关系问题的主客颠倒，即从"人是机器"到"机器是人"。一旦"机器是人"成立，人与机器的关系就不仅是人与技术工具的关系，也不仅是人与技术实体的关系，或是人与"技术他者"的关系。对此，本书围绕"我们如何看待社交机器人"这一核心问题，就人与社交机器人的关系本质进行了思考。

本书研究发现，在传统人文主义对其本体论的解释中，技术只是满足人类需求、弥补人类脆弱性的工具，后人类主义理论揭示了从个体到关系的必要转变，标志着从"人类动物"到具体的后人类网络的过渡，表现为潜在和显现的关系场域，它通过后现代的解构实践揭开了任何本体论的两极分化。本书正是借助于这一点，提出审视人与社交机器人的关系本质需要打破传统二分法中的边界，以及传统技术工具论的说法，因为每一种人与技术的关系，都是一种内在关系存在论的模式。这种类型的存在论带有一系列的含义，其中包括暗示了存在着一种人和技术的共同构造。技术转化了我们对世界的经验、我们的知觉和我们对世界的解释，而反过来，我们在这一过程中也被转化了。技术正在不断地侵入身体世界，正在持续地塑造新型身体。媒介不是撇开了身体、外在于主体的工具，而是与身体互相构成，融为一体。后人类社会的人机关系有无限的可能，但机器与人的融合已经成为不争的事实，对于二者的任何对立、单一、孤立的审视视角，都已经无法契合当前人机关系的新走向。社交机器人作为一个超级媒介物，可以将多个文化个体启动，让其在同一空间场域中流动，互构出新的杂合体，就像是一种病毒式或渗入式的元素，通过改变细胞结构和引入新的目的来干预整个人类本体论。这是人类建构媒介物的一个过程，是媒介物拥有主体性的一个过程，更是人与社交机器人互构的一个过程。

首先，本书紧扣后人类学基本问题，关注如"主客体关系"等问题，具备一定的基础性。随后以"机器能否模拟思维""人工移情""社交机器人能否成为朋友或恋人"等问题，作为社交机器人与人的关系所要探讨的起点。这些既是社会科学问题，也是哲学问题，然而这些问题都来源于当前研究领域比较热门的人机传播关怀。

其次，本书对相关文献的梳理具备一定的综合性。对人与社交机器人关系的探讨，不仅仅立足后人类主义视域，还借助于哲学、现象学、社会学、心理学、传播学等学科理论发力，将"赛博格"概念与行动者网络理论进行"接合"。在此基础上，提出与机器人建立伙伴关系不是机器人的先验属性，而是人与机器人之间社交互动的结果，其中技术起着重要的中介乃至反建构作用。这在一定程度上区隔了拉图尔的行动者网络理论对于行动者的定义，从而具备一定的哲学建构意义。

最后，本书具备一定的前瞻性。近年来，人工智能哲学的研究热度空前高涨，但以后人类主义哲学为视角，钻研人与社交机器人的关系等基本问题的研究，还未有较为系统或成熟的成果出现。从这个层面来说，本书具备一定的创新意义，同时可以为研判新一轮科技革命和未来人与人工智能相处的社会治理等问题，提供一定的启发和参考。

第三节 研究限制

本书的主题是从后人类主义的视角探讨人与社交机器人的关系本质，但因为社交机器人这一智能实体目前还处于实验与初步发展阶段，缺乏大量的社会行为数据作为参考，所以本书写作存在很多限制。

首先，人类与社交机器人的关系是一个宏大而抽象的命题，相比于人类与其他机器的关系是更高阶的关系，也是更亲密的关系。如果说人机关系发生了嬗变，这种变化是好是坏？对于人际关系会造成什么样的影响？我们又该如何规避不良影响？这些在本书中并没有阐述得特别清楚或者探讨较少。

其次，人与社交机器人的亲密互动、共生与共同演进关系不应该让人类自身走入迷茫。一方面，我们需要严肃地看待社交机器人对人类存在所产生的深远影响；另一方面，无论机器人是否真的能模拟人的思维，是否能产生意识，也无论计算机的智能将多么强大，都不会成为威胁人类的本质问题。真正威胁人类的是人类自身的转变，通过这种转变，人类行为和愿望都从根本上受到扭曲。本书对人类应该如何谨慎地避免自己在技术中迷失的探讨尚显不足。更进一步来说，尽管其对于人与社交机器人关系本质有一些基础论断，但对本质之外又将如何、人—机关系走向如何这一系列问题无力回应。

最后，本书的一个重要局限是，缺乏第一手的社交机器人与人互动的具体经验行为数据或资料，大量的逻辑推理只是基于前人的文献来进行接合以及哲学建构，所以在研究方法的选择上比较受限，一定层面上还可以针对社交机器人与人的互动进行类似民族志的方法来进行分析。

第四节　研究建议

无论是现实世界，还是未来人机融合智能的新兴互联网社会，媒介始终都是人们生活的一个重要组成部分——"我们与媒介共生，生活在媒介中"。但随着生物科技、人工智能及相关计算机技术对社会生活的全面渗透,一种技术文明的"集体性认同危机"逐渐浮现,就连许多美国科幻电影也呈现出一种"末世神话"的悲观主义倾向。就某种意义而言,西方世界基于"彼此孤立"和生态文明问题的"集体性的认同危机",已然说明了当代西方思想界已开始对西方基于工具理性的现代性思想,以及基于"人与物"关系的西方哲学思想传统进行深刻反思。并且,这种反思也在一定程度上吸收了以中国传统文化理念为代表的东方哲学的思想体系,因为这种认同危机意识中,蕴含着人与人之间、人与自然之间的关系问题。其中人与人的问题,必然涉及伦理的问题;人与自然的问题,则涉及的是调和与协同的问题。未来关于人与社交机器人的关系研究,还可以进一步吸收中国哲学的思想传统,探寻一种"协同"与"调和"之道。

展望未来,人类、人工智能和社交网络的碰撞,正引领我们进入一个激动人心但充满挑战的未来。人类的具身化和主体性正在经历一场深刻的变革,像所有生活在过渡阶段的人们一样,我们对于要向何处去并不清楚,甚至无法解释我们遇到的和周围正在发生的一切,有些事情让我们恐惧和害怕,有些事情让我们惊喜和满足,好比当前的语境不断地推开我们集体认知的大门,我们也需要不断反思我们在这个物质的、动态的、反应的过程中的位置,即存在。对于人机关系的探讨而言,在更深层的意义上都指向了身体与技术相结合这一人类生存的新方式。哲学作为一种反思活动,总是比它的反思对象来得更晚,但在人工智能伦理这个学科上,似乎有了例外,哲学家有机会在反思对象——成熟的社交机器人被开发和广泛应用之前,先去思考它的意义、风险和影响。未来的研究还可以围绕社交机器人如何更好地与人互动、如何更好地实现监管,以及人机交往的本质是什么等问题进行深入探讨。

参考文献

中文文献

[美]安德鲁·芬伯格：《可选择的现代性》，陆俊等译，中国社会科学出版社 2003 年版。

安孟瑶、彭兰：《智能传播研究的当下焦点与未来拓展》，《全球传媒学刊》2022 年第 1 期。

[法]贝尔纳·斯蒂格勒：《技术与时间：爱比米修斯的过失》，裴程译，译林出版社 2000 年版。

[英]布莱恩·费根：《亲密关系：动物如何塑造人类历史》，刘诗军译，浙江大学出版社 2019 年版。

常晋芳：《智能时代的人—机—人关系——基于马克思主义哲学的思考》，《东南学术》2019 年第 2 期。

陈昌凤、张梦：《由数据决定？AIGC 的价值观和伦理问题》，《新闻与写作》2023 年第 4 期。

成素梅等：《人工智能的哲学问题》，上海人民出版社 2020 年版。

程承坪：《人工智能：工具或主体？——兼论人工智能奇点》，《上海师范大学学报》（哲学社会科学版）2021 年第 6 期。

杜严勇：《情侣机器人的伦理争论及其反思》，《自然辩证法通讯》2022 年第 4 期。

方勇译注：《庄子》，中华书局 2015 年版。

[美]弗朗西斯卡·法兰多：《后人类主义、超人类主义、反人本主义、元人类主义和新物质主义：区别与联系》，计海庆译，《洛

阳师范学院学报》2019 年第 6 期。

高亮华：《人文主义视野中的技术》，中国社会科学出版社 1996 年版。

高宣扬：《布迪厄的社会理论》，同济大学出版社 2004 年版。

［德］哈特穆特·罗萨：《新异化的诞生：社会加速批判理论大纲》，郑作彧译，上海人民出版社 2018 年版。

韩秀等：《媒介依赖的遮掩效应：用户与社交机器人的准社会交往程度越高越感到孤独吗？》，《国际新闻界》2021 年第 9 期。

黄光国：《儒家关系主义：文化反思与典范重建》，北京大学出版社 2006 年版。

黄荣、吕尚彬：《ChatGPT：本体、影响及趋势》，《当代传播》2023 年第 2 期。

黄欣荣、刘亮：《从技术与哲学看 ChatGPT 的意义》，《新疆师范大学学报》（哲学社会科学版）2023 年第 6 期。

姜华：《从辛弃疾到 GPT：人工智能对人类知识生产格局的重塑及其效应》，《南京社会科学》2023 年第 4 期。

［美］凯瑟琳·海勒：《我们何以成为后人类：文学、信息科学和控制论中的虚拟身体》，刘宇清译，北京大学出版社 2017 年版。

林德宏：《"技术化生存"与人的"非人化"》，《江苏社会科学》2000 年第 4 期。

林升梁、叶立：《人机·交往·重塑：作为"第六媒介"的智能机器人》，《新闻与传播研究》2019 年第 10 期。

林秀琴：《后人类主义、主体性重构与技术政治——人与技术关系的再叙事》，《文艺理论研究》2020 年第 4 期。

刘少杰：《后现代西方社会学理论》（第二版），北京大学出版社 2014 年版。

刘勇：《声音的诱惑与主体的解构：科幻电影〈她〉的文化分析》，《江西师范大学学报》（哲学社会科学版）2017 年第 6 期。

刘壮、胡景谱：《社会化机器人引发的"社会问题"探析》，

《科学·经济·社会》2023年第3期。

［意］罗西·布拉伊多蒂：《后人类》，宋根成译，河南大学出版社2016年版。

［丹麦］马尔科·内斯科乌：《社交机器人：界限、潜力和挑战》，柳帅、张英飒译，北京大学出版社2021年版。

［加］马歇尔·麦克卢汉：《理解媒介——论人的延伸》，何道宽译，商务印书馆2000年版。

［美］迈克尔·亨利：《斯派克·琼斯访谈——一切皆为创造》，孟贤颖译，《世界电影》2014年第6期。

《马克思恩格斯选集》第1卷，人民出版社2012年版。

［法］米歇尔·福柯：《词与物——人文科学考古学》，莫伟民译，上海三联书店2001年版。

［英］尼克·波斯特洛姆：《超级智能：路线图、危险性与应对策略》，张体伟、张玉青译，中信出版社2015年版。

彭兰：《智能传播中的伦理关切》，《中国编辑》2023年第11期。

冉奥博、王蒲生：《技术与社会的相互建构——来自古希腊陶器的例证》，《北京大学学报》（哲学社会科学版）2016年第5期。

［法］让—弗朗索瓦·利奥塔：《非人——时间漫谈》，罗国祥译，商务印书馆2000年版。

孙绍谊：《后人类主义：理论与实践》，《电影艺术》2018年第1期。

孙玮：《交流者的身体：传播与在场——意识主体、身体—主体、智能主体的演变》，《国际新闻界》2018年第12期。

孙玮：《赛博人：后人类时代的媒介融合》，《新闻记者》2018年第6期。

孙学功：《孔子的"友谊"思想和亚里士多德的"友爱论"比较》，《西安交通大学学报》（社会科学版）2006年第4期。

［美］唐·伊德：《让事物"说话"：后现象学与技术科学》，

韩连庆译，北京大学出版社 2008 年版。

［美］唐娜·哈拉维：《类人猿、赛博格和女人：自然的重塑》，陈静、吴义诚主译，河南大学出版社 2012 年版。

汪民安主编：《生产（第五辑）：德勒兹机器》，广西师范大学出版社 2008 年版。

王锋：《从人机分离到人机融合：人工智能影响下的人机关系演进》，《学海》2021 年第 2 期。

王建设：《"技术决定论"与"社会建构论"：从分立到耦合》，《自然辩证法研究》2007 年第 5 期。

王哲：《养老机器人市场会爆发吗?》，《中国报道》2019 年第 6 期。

［美］威廉·吉布森：《神经漫游者》，Denovo 译，江苏凤凰文艺出版社 2013 年版。

［德］乌尔里希·艾伯尔：《智能机器时代：人工智能如何改变我们的生活》，赵蕾莲译，新星出版社 2020 年版。

［德］西皮尔·克莱默尔：《作为文化技术的媒介：从书写平面到数字接口》，吴余劲等译，《全球传媒学刊》2019 年第 1 期。

徐瑞萍、吴选红、刁生富：《从冲突到和谐：智能新文化环境中人机关系的伦理重构》，《自然辩证法通讯》2021 年第 4 期。

［美］雪莉·特克尔：《群体性孤独：为什么我们对科技期待更多，对彼此却不能更亲密?》，周逵、刘菁荆译，浙江人民出版社 2014 年版。

杨国枢主编：《中国人的心理》，中国人民大学出版社 2012 年版。

杨俊蕾：《ChatGPT：生成式 AI 对弈"苏格拉底之问"》，《上海师范大学学报》（哲学社会科学版）2023 年第 2 期。

杨宜音：《关系化还是类别化：中国人"我们"概念形成的社会心理机制探讨》，《中国社会科学》2008 年第 4 期。

［以色列］尤瓦尔·赫拉利：《未来简史：从智人到神人》，林

俊宏译，中信出版社 2017 年版。

于骐鸣：《论芬伯格的网络技术观》，《学术探索》2017 年第 5 期。

喻国明、苏健威：《生成式人工智能浪潮下的传播革命与媒介生态——从 ChatGPT 到全面智能化时代的未来》，《新疆师范大学学报》（哲学社会科学版）2023 年第 5 期。

喻国明、王思蕴、王琦：《内容范式的新拓展：从资讯维度到关系维度》，《新闻论坛》2020 年第 2 期。

张浩军：《施泰因论移情的本质》，《世界哲学》2013 年第 2 期。

张洪忠、赵蓓、石韦颖：《社交机器人在 Twitter 参与中美贸易谈判议题的行为分析》，《新闻界》2020 年第 2 期。

张一兵：《斯蒂格勒〈技术与时间〉构境论解读》，上海人民出版社 2018 年版。

赵汀阳：《第一个哲学词汇》，《哲学研究》2016 年第 10 期。

赵渊：《人机关系与信息传播变革》，《现代传播（中国传媒大学学报)》2019 年第 6 期。

［美］朱瑟琳·乔塞尔森：《我和你：人际关系的解析》，鲁小华、孙大强译，机械工业出版社 2016 年版。

英文文献

Á. Mikloósi et al., "Ethorobotics: A New Approach to Human-robot Relationship", *Frontiers in Psychology*, No. 8, 2017.

Alan Turing, "Machine Intelligence: A Heretical Theory", in B. J. Copeland ed., *The Essential Turing*, Oxford: Oxford University Press, 2004.

Anna Jobin, Marcello Ienca, Effy Vayena., "The Global Landscape of AI Ethics Guidelines", *Nature Machine Intelligence*, Vol. 1, No. 9, 2019.

A. Asimov, *Runaround, Reprinted in I Robot*, London: Grafton

Books, 1968.

A. Feenberg, *Questioning Technology*, New York: Routledge, 1999.

A. Feenberg, *Transforming Technology*, New York: Oxford University Press, 2002.

A. M. Elder, *Friendship, Robots, and Social Media False Friends and Second Selves*, New York: Routledge, 2018.

A. Sharkey, N. Sharkey, "Children, the Elderly, and Interactive Robots", *IEEE Robotics & Automation Magazine*, Vol. 18, No. 1, 2011.

Bence Nanay, "Portraits of People not Present", in Hans Maes ed., *Portraits and Philosophy*, New York: Routledge, 2019.

B. Latour, *Pandora's Hope: Essays on the Reality of Science Studies*, Harvard University Press, 1999.

C. Breazeal, "Toward Sociable Robots", *Robotics and Autonomous Systems*, No. 3, 2003.

C. Wolfe, *What Is Posthumanism*, Minneapolis: University of Minnesota Press, 2010.

Daniel Dennett, "Intentional Stance", in Robert A. Wilson, Frank C. Keil eds., *The MIT Encyclopedia of the Cognitive Sciences*, The MIT Press, 1999.

David Bohm, "Wholeness and the Implicate Order", Oxford: Taylor and Francis Group, 2005.

D. A. Koutentakis, A. Pilozzi, X. Huang, "Designing Socially Assistive Robots for Alzheimer's Disease and Related Dementia Patients and Their Caregivers: Where We Are and Where We Are Headed", *Healthcare*, Vol. 8, 2020.

D. C. Dennett, "Why You can't Make a Computer That Feels Pain", in *Brainstorms: Philosophical Essays on Minds and Psychology*, Cambridge, MA: MIT Press, 1981.

D. Haraway, "A Manifesto for Cyborgs: Science, Technology and

Socialist Feminism in the 1980s", *Socialist Review*, Vol. 80, 1985.

D. Levy, *Love and Sex with Robots, The Evolution of Human-Robot Relationships*, Newyork: Harper Collins Publishers, 2007.

D. Norman, *Emotional Design: Why We Love (or Hate) Everyday things*, Basic Civitas Books, 2004.

D. Pettman, "Love in the Time of Tamagotchi", *Theory, Culture & Society*, Vol. 26, No. 2, 2009.

G. F. Melson et al. , "Children's Behaviour toward and Understanding of Robotic and Living dogs", *Journal of Applied Developmental Psychology*, Vol. 30, 2009.

Heidegger, "Question Concerning Technologe", in David M. Kaplan ed. , *Readings in the Philosophy of Technologe*, Oxford: Rowman & Littlefield Publishers, 2004.

J. Broekens, M. Heerink, H. Rosendal, "Assistive Social Robots in Elderly Care: A Review", *Gerontechnology*, Vol. 8, No. 2, 2009.

J. Bryson, "A Role for Consciousness in Action Selection", *International Journal of Machine Consciousness*, Vol. 4, No. 2, 2012.

J. Danaher, "The Philosophical Case for Robot Friendship", *Journal of Posthuman Studies*, Vol. 3, No. 1, 2019.

J. Danaher, "Robot Betrayal: A Guide to the Ethics of Robotic Deception", *Ethics and Information Technology*, Vol. 22, 2020.

J. Robertson, "Gendering Humanoid Robots: Robo-sexism in Japan", *Body&Society*, Vol. 16, No. 2, 2010.

Kathleen Richardson, "The Asymmetric Relationship", *SIGCAS Computers & Society*, Vol. 45, No. 3, 2015.

K. Richardson, "Sex Robot Matters", *IEEE Technology and Society Magazine*, Vol. 35, No. 2, 2016.

Latour Bruno, *We have Never been Modern*, trans. Catherine Porter, Cambridge: Harvard University Press, 1993.

L. Damiano, P. Dumouchel, "Anthropomorphism in Human-robot Co-evolution", *Frontiers in Psychology*, Vol. 468, No. 9, 2018.

L. Jamieson, *Intimacy: Personal Relationships in Modern Societies*, Cambridge, UK: Polity Press, 1998.

M. Akrich, B. Latour, *A Summary of a Convenient Vocabulary for the Semiotics of Human and Nonhuman Assemblies*, Cambridge: The MIT Press, 1992.

M. Asada, "Development of Artificial Empathy", *Neuro-Science Research*, Vol. 90, 2015.

M. Coeckelbergh, *New Romantic Cyborgs: Romanticism, Information Technology, and the End of the Machine*, The MIT Press, 2017.

M. Gandy, *Concrete and Clay: Reworking Nature in New York City*, Cambridge: The MIT Press, 2002.

M. Heidegger, *Issue Concerning Technology and Other Essays*, New York and London: Garland Publishing, 1977.

M. Merleau-Ponty, *The Structure of Behavior*, Pittsburgh: Duquesne University Press, 2011.

M. Merleau-Ponty, *The Visible and the Invisible: Followed by Working Notes*, Northwestern University Press, 1968.

M. Pickering, *The Mangle of Practice Time, Agency and Science*, Chicago: University of Chicago Press, 1995.

N. Agar, "How to Treat Machines That Might Have Minds", *Philosophy & Technology*, Vol. 33, No. 2, 2020.

O. H. Chi et al., "Developing a Formative Scale to Measure Consumers' Trust toward Interaction with Artificially Intelligent (AI) Social Robots in Service Delivery", *Computers in Human Behavior*, Vol. 118, No. 3, 2021.

P. Dumouchel, L. Damiano, *Living with Robots*, translated by Malcolm DeBevoise, Cambridge: Harvard University Press, 2017.

P. K. Nayar, *Posthumanism*, Cambridge: Polity Press, 2013.

P. P. Verbeek, "Cyborg Intentionality: Rethinking the Phenomenology of Human-technology Relations", *Phenomenology and the Cognitive Sciences*, Vol. 3, 2008.

R. Braidotti, *Posthuman Knowledge*, Cambridge: Polity Press, 2019.

Sven Nyholm, "A New Control Problem Human and Robots, Artificial Intelligence, and the Value of Control", *AI and Ethics*, Vol. 3, 2023.

S. Nyholm, *Humans and Robots: Ethics, Agency, and Anthropomorphism*, London: Rowman and Littlefield, 2020.

S. Torrance, "Ethics and Consciousness in Artificial Agents", *AI & Society*, Vol. 22, No. 4, 2008.

W. A. Collins, "More than Myth: The Developmental Significance of Romantic Relationships during Adolescence", *Journal of Research on Adolescence*, Vol. 13, No. 1, 2003.

W. E. Matthew et al., "The Logic of Design Research", *Learning: Research and Practice*, Vol. 4, No. 2, 2018.

后　　记

　　文末搁笔，思绪繁杂。本书是基于自己的博士学位论文修改而成，回首博士求学的这段旅程，是求知的过程，亦是自我蜕变的过程，古人以"皓首穷经"来形容治学者的陶醉与辛劳，我也算有了切身体会，但即便白了头发、损了腰椎，我亦无怨无悔。

　　时光如水，往事如烟。多年前，硕士毕业的我幸运地成为一名高校老师，认识了一群工作中的同伴及挚友，日子过得充实惬意，工作上用饱含激情来形容也不为过。这样的日子大约持续了三年，突然有一天，我意识到自己好像在远离学术梦想，尤其在教学实践中，当发现自己并不能引领学生就一个问题进行深入探讨时，那种难以言说的挫败感油然而生，而读博的念头就这样产生，但人生又岂能事事如愿，总有一些我们想要追求却被现实阻碍的东西。博士备考的经历不堪回首，书海泛舟，努力笔耕，甚至在过年时节也不敢有半点懈怠，苦过、累过、失败过，哭过、气过、自我怀疑过，但都没有放弃，好在功夫不负有心人，最后博士之梦达成，读博的过程相比备考而言也显得颇为顺利。我虽然学的是传播学，但对技术哲学方面的书一直情有独钟，感谢陈清河导师及其他专业老师们的细心引导，让我进一步找到了智能传播研究的方向。博士学位论文的写作过程中，太多的书对我有启发，无法一一罗列，只能在此一并感谢所有作者。

　　毕业之后，虽然研究方向比较确定，但心里十分清楚，我对哲学的理解仍有隔靴搔痒之感，摸着石头过河的感觉让我在学术研究过程中不敢松懈，不仅海量的经典理论需要继续学习和理解，大量新的现象和研究也是层出不穷，很多了不起的思想中都隐含着深刻的问题，等待着我们去挖掘，最后形成一种"形态共振"。这个挖掘的过程虽然艰辛，但只要偶有点滴收获，又颇为欣慰，再加上学院前辈们的引导与鼓励，都成为我对学术研究抱有热忱的重要支撑。未来机器人不管如何进化发展，相信只要人类存在，智慧之火就永远不会熄灭，所以每个人都应在存在中找到自身，并保持一种"在场"的状态。

方寸之间，难抒感激之情，唯愿师友及家人身体康健、诸事顺遂。本书出版还得到了四川外国语大学的资助，在此一并感谢！

何双百
2024 年 3 月